CARTILHA DA TERRA

COLEÇÃO AGROECOLOGIA

Agroecologia na educação básica –
questões propositivas de conteúdo e
metodologia
*Dionara Soares Ribeiro, Elisiani Vitória
Tiepolo, Maria Cristina Vargas e Nivia
Regina da Silva (orgs.)*

Dialética da agroecologia
*Luiz Carlos Pinheiro Machado, Luiz Carlos
Pinheiro Machado Filho*

Dossiê Abrasco – um alerta sobre os
impactos dos agrotóxicos na saúde
*André Búrigo, Fernando F. Carneiro, Lia
Giraldo S. Augusto e Raquel M. Rigotto
(orgs.)*

A memória biocultural
Víctor M. Toledo e Narciso Barrera-Bassols

Pastoreio Racional Voisin
Luiz Carlos Pinheiro Machado

Plantas doentes pelo uso de agrotóxicos
– novas bases de uma prevenção
contra doenças e parasitas: a teoria da
trofobiose
Francis Chaboussou

Pragas, agrotóxicos e a crise ambiente -
problemas e soluções
Adilson D. Paschoal

Revolução agroecológica – o Movimento
de Camponês a Camponês da ANAP em
Cuba
Vários autores

Sobre a evolução do conceito de
campesinato
*Eduardo Sevilla Guzmán e Manuel González
de Molina*

Transgênicos: as sementes do mal – a
silenciosa contaminação de solos e
alimentos
*Antônio Inácio Andrioli e Richard Fuchs
(orgs.)*

Um testamento agrícola
Sir Albert Howard

SÉRIE ANA PRIMAVESI

Ana Maria Primavesi – histórias de vida
e agroecologia
Virgínia Mendonça Knabben

Algumas plantas indicadoras – como
reconhecer os problemas do solo
Ana Primavesi

Biocenose do solo na produção vegetal
& Deficiências minerais em culturas –
nutrição e produção vegetal
Ana Primavesi

Cartilha da terra
Ana Primavesi

A convenção dos ventos – agroecologia
em contos
Ana Primavesi

Manejo ecológico de pastagens em
regiões tropicais e subtropicais
Ana Primavesi

Manejo ecológico e pragas e doenças
Ana Primavesi

Manual do solo vivo
Ana Primavesi

Pergunte o porquê ao solo e às raízes:
casos reais que auxiliam na compreensão
de ações eficazes na produção agrícola
Ana Primavesi

Ana Primavesi

CARTILHA DA TERRA

1ª EDIÇÃO
EXPRESSÃO POPULAR
SÃO PAULO – 2020

Copyright © 2020, by Expressão Popular

Revisão: *Odo Primavesi, Nilton Viana e Cecília da Silveira Luedemann*
Projeto gráfico, diagramação: *ZAP Design*
Ilustração da capa: *Pamella Simioni*
Capa e logo da coleção: *Marcos Cartum*
Impressão: *Corprint Gráfica e Editora Ltda*

Dados Internacionais de Catalogação-na-Publicação (CIP)

P952c	Primavesi, Ana
	    Cartilhas da terra / Ana Maria Primavesi --1.ed. —São Paulo: Expressão Popular, 2020.
	    115 p. : il. (Agroecologia. Ana Primavesi).
	
	    Indexado em GeoDados - http://www.geodados.uem.br
	    ISBN 978-65-991365-4-2
	
	    1. Agroecologia. 2. Solo – Manejo ecológico. 3. Ecologia agrícola.I. Título. II. Série.
	
	                                                CDU 631

Catalogação na Publicação: Eliane M. S. Jovanovich CRB 9/1250

Todos os direitos reservados.
Nenhuma parte deste livro pode ser utilizada
ou reproduzida sem a autorização da editora.

1ª edição: outubro de 2020 - centenário de Ana Primavesi
3ª reimpressão: outubro de 2022

EDITORA EXPRESSÃO POPULAR
Rua Abolição, 201 – Bela Vista
CEP 01319-010 – São Paulo – SP
Tel: (11) 3112-0941 / 3105-9500
livraria@expressaopopular.com.br
www.expressaopopular.com.br
🄵 ed.expressaopopular
🄾 editoraexpressaopopular

SUMÁRIO

NOTA EDITORIAL 9

PREFÁCIO 11

A TERRA, ESTA DESCONHECIDA

Nós e a terra 17
Brasil e sua terra 19
O que é terra 20
Que são equilíbrios dinâmicos 21
A pele da terra 22
Os grumos da terra e sua importância 24
Os micro-organismos (bactérias e fungos),
microanimais e insetos 25
Como se criam pragas 27
O que é matéria orgânica 28
As minhocas 31
A diversificação da vida da terra 33

A TERRA E SEU TRATO

Os problemas da terra e seu combate sintomático 49
Os fatores que fazem a terra produzir 50
A formação da camada porosa na superfície da terra 51
Palha: o remédio milagroso para a terra 53
Consorciação de culturas 54
Composto 56
A proteção da camada porosa 63
Diversificação da vida da terra 79
A proteção contra o vento 91
Equilíbrio entre os nutrientes 93

ANEXO – O SOLO E SUA VIDA

Princípio básico 99
Origem do solo 99
Formação do solo 99
Os solos em São Paulo 102
O húmus 103
Micro-organismos 104
Volume poroso 105
A agricultura 107
As plantas 108
A erosão 108
Associações sociológicas de plantas 108
Interação planta-clima 110
Falta floresta! 111
Microclima 112
A água no microclima 113
Condutividade térmica do solo 113
O granizo 114
Conclusão 115

In memorian
Quem tenta agradar a terra, agrada
às plantas. E quem quer confortar as
plantas, conforta a si mesmo, porque
elas agradecem com uma produção
farta, nutritiva e barata.
Ana Maria Primavesi

NOTA EDITORIAL

A Editora Expressão Popular foi agraciada, em 2015, com a cessão dos direitos para publicação das obras de Ana Maria Primavesi (a qual inclui contribuições de Artur Barão Primavesi e de seus filhos Odo e Carin). Um deferimento que nos desafia a lutar com domínio dos fatos contra o modelo agroquímico e de *commodities* que está em conflito aberto com quem se pauta pela defesa do "solo sadio, planta sadia, homem sadio".

Suas contribuições vêm desde inícios dos anos de 1950 até os dias atuais. Não seguiremos uma ordem cronológica nas publicações, isso pouco ou nada altera o resultado de sua laboriosa pesquisa e formato de exposição. O que mais importa é o resultado final que queremos deixar como legado aos nossos estudiosos e militantes da causa agroecológica.

Sua obra é um todo de pesquisa, militância e contribuição à causa da agroecologia. Sua força está no seu conjunto. Sua identidade está materializada em textos nas mais diferentes formas de defesa da vida do solo, das plantas e da humanidade.

Apesar de alguns terem sido formulados há 60 anos, eles conservam sua força e atualidade. Eles serão republicados aqui com revisões de texto, sem qualquer modificação em seu conteúdo ou formulação.

Cada obra contém o registro da história daquele momento, o estágio da pesquisa e o debate realizado. Afinal, história é memória materializada em suas variadas maneiras: falada, escrita, vivenciada, celebrada.

Agradecemos à solidariedade de Ana Primavesi e de sua família pela cessão dos direitos de publicação. Criamos em nossa coleção de Agroecologia a "Série Ana Primavesi" que identificará as suas obras. Viva Ana Maria Primavesi, dos agricultores praticantes da agroecologia!

Os editores

PREFÁCIO

É com satisfação que verificamos a publicação de textos históricos de Ana Primavesi, que existiam na forma de documentos orientadores e apostilas. Ana esforçava-se em transformar resultados de pesquisa básica e aplicada em textos para extensionistas. Portanto, deviam ser úteis para produtores rurais.

Em 1950, ela apresentou seu primeiro texto em solo brasileiro (em alemão: *Der Boden und sein Leben*), *O solo e sua vida*, que presenteou ao seu companheiro de profissão e esposo (no 32º aniversário de Artur), e que condensa em nove páginas (no final deste livro) sua visão ecológica de manejo do ambiente agrícola, e cujo princípio básico é: o solo é um organismo vivo!

Em inícios dos anos de 1970, preparou a apostila *Cartilha da Terra*, de 67 páginas, em que traz todas as práticas possíveis para manter um solo vivo e muito produtivo, sem os inúmeros incômodos de se trabalhar um solo morto, sem vida abundante e diversificada. Não inoculando diferentes grupos funcionais de organismos no solo, como propõem atualmente a chamada revolução microbiana e o enriquecimento dos microbiomas de solo-planta-entorno, mas criando as condições alimentares para que apareçam espontaneamente, de maneira equilibrada entre populações, com seus serviços ecossistêmicos essenciais. Isso dentro de um contexto em que a força atuante prioritária seja a sintropia (em que a força da vida é estimulada), e não a entropia (segunda lei da termodinâmica), como em ambientes degradados em regressão ecológica.

Ana sempre procurou alertar que devemos observar como a natureza faz. Como ela transforma um ambiente natural primário (rochas expostas, sem solo, sem biodiversidade, sem água armazenada, sem serviços ecossistêmicos, sem atenuação dos extremos térmicos e hídricos, enfim, inóspito para a vida superior e a produção, condições que não desejamos) em ambiente natural clímax (com solo vivo permeável e protegido com tripla camada: de parte aérea das plantas, serapilheira superficial e camada de raízes; com serviços ecossistêmicos essenciais, altamente favorável à vida superior e à produção).

O solo sem cobertura vegetal e sem seu sistema radicular vigoroso e diversificado perde sua função essencial de solo que é captar e armazenar água das chuvas estacionais. O mesmo acontece quando se abandona um solo cansado, e deixa em pousio por quatro a oito anos. Mas Ana, neste texto, mostra o que devemos fazer, manejando coberturas vegetais diversificadas, sem precisar deixar o solo em pousio ou descanso.

Neste texto, Ana, de maneira indireta, explica como colocar enorme quantidade de organismos do solo com diferentes funções, sem a necessidade de conhecer o nome de cada espécie, só criando as condições para que apareçam. Estes dois textos são um preâmbulo para sua obra mais significativa, o *Manejo ecológico do solo*, com 549 páginas, publicado em 1980. Este livro curiosamente teve inicialmente em torno de 200 páginas, mas com o esforço diligente e grande coragem do editor de livros agronômicos (Ceres), engenheiro agrônomo José Peres Romero (*in memoriam*), que procurou pelos professores mais respeitados em solos, na Escola Superior de Agricultura Luiz de Queiroz (Esalq) da Universidade de São Paulo (USP), a darem sua opinião, teve que se defrontar com muita incompreensão técnica, justificada pelo treinamento recebido pela revolução verde, que prima pela negação e exclusão da matéria orgânica e da vida do solo. O componente vida do solo também permeia a física e a química do solo.

Ana teve que esclarecer muitos questionamentos, em diversas idas e vindas deste texto, e o livro foi crescendo, crescendo. Aqui deve ser destacado que a microbiologia de plantas (rizóbios e micorrizas) era aceita, mas não a biologia (incluindo a microbiologia) do solo, que constrói um solo macroporoso, vivo, permeável, estável à ação da água (não dispersa), que constrói a bioestrutura do solo vivo, agropastoril.

A Cartilha da Terra traz a essência do manejo vegetativo do *Manejo ecológico do solo*, fácil de ler e de compreender, quando se tem alguma vivência de campo. Um bom texto de extensão rural.

Odo Primavesi, pesquisador aposentado pela Embrapa
São Carlos, março de 2020.

A TERRA, ESTA DESCONHECIDA

Nós e a terra

Uns acham que a terra é somente barro que suja os pés. São as pessoas que vivem nas cidades e que portanto asfaltam as ruas para não enlamear seus sapatos.

Outros acham que a terra é um suporte para insumos, sementes e água. Para estes, terra é somente um tipo de recipiente enorme em que se faz um cultivo em água, uma cultura do tipo hidropônico (a vida surgiu em meio hidropônico). Portanto, tem que irrigar até pingar água da terra quando tirar a planta do chão. Mas este tipo de cultivo hidropônico é difícil porque aparecem plantas invasoras que possuem fungos e bactérias e ainda serve de esconderijo para pragas e nematoides. E aí vem todo o peso de nossa tecnologia atual para tentar "vencer" todos estes inconvenientes com o uso de adubos, herbicidas, praguicidas, fungicidas, acaricidas, nematicidas, máquinas pesadas e sofisticadas e da irrigação.

Outros ainda consideram a terra um organismo vivo, uma parte viva do meio ambiente onde se entrelaçam solo-planta-clima. A terra dá às plantas as condições para crescer; as plantas fornecem à terra matéria orgânica para viver; e da cobertura vegetal que a terra pode manter depende o clima local. Terra de mata é diferente da de pastagem, e esta da de terra de cultura, mesmo se partiram da mesma unidade taxonômica, do mesmo tipo de solo. Tudo é constituído por ciclos. Cada estágio é importante para que o ciclo se conclua. E tudo que vive em cima da terra é constituído por ela e, por sua vez, a transforma.

A semente que cai na terra nunca poderia formar uma planta de cultura, um capim, uma flor ou uma árvore se a terra não fornecesse a água, o gás carbônico e os minerais. Nunca poderia se formar um animal ou um homem, a partir de duas células minúsculas, microscópicas, se não recebessem da terra água, carbono e minerais por meio das plantas. Muitos dizem que o carbono está no ar. Correto, mas o ar o recebeu da terra. E em terras maltratadas, esgotadas, exaustas, decaídas, as plantas são pobres e doentes, produzindo pouco, e os animais e os homens são fracos e doentes também.

A pátria não é uma invenção política. É o "torrão" que nos fornece o material para formar nosso corpo. Por isso, somos "filhos da nossa terra". E muitos povos chamam a terra de "mãe". Mãe que dá origem aos seres humanos. As sementes ou as células fecundadas somente dão o código genético segundo o qual se formará o ser vivo. Nossos ossos, carne, nervos, músculos e sangue se formam do que a terra fornece. E quando o corpo morrer e decair ou degradar, restará um punhado de terra. E se for cremado restará um punhado de cinza: os minerais dos quais se formou e que agora se devolve à terra.

A Bíblia conta que Deus fez o homem de terra. Pegou barro e formou o primeiro homem. E sempre os homens hão de formar-se de terra, de homens, de animais e de plantas que morreram.

O que a terra não possui, o homem não pode receber. E o que a planta não consegue tirar da terra, o homem não receberá.

Terras sadias, homens sadios, vigorosos e dinâmicos. Terras esgotadas e decaídas, homens fracos, doentios e indolentes. Povo algum consegue desenvolver e progredir se morar em terra estragada, degradada. Assim, cada vez que um povo estragou sua terra por entregá-las a escravos – e máquinas não somente escravos – decaiu e sumiu, desapareceu. E sempre quando um povo alcançou uma cultura invejável e uma civilização elevada se esqueceu de sua terra, em meio ao seu bem-estar, as terras decaíram e com elas as culturas humanas e as civilizações dos povos que ali moravam.

Sumiram os sumérios, egípcios, fenícios, etruscos, cretenses, gregos, romanos, maias, astecas, incas e muitos outros. Abraham Lincoln, este grande homem, disse: "Destruam as cidades e conservem os campos, e as cidades ressurgirão. Destruam os campos e conservem as cidades, e estas sucumbirão!".

Por isso, antes do Concílio Vaticano se dizia no batismo: "Lembre-te que és pó e a pó retornarás!".

É bom se lembrar disso, porque deste modo olharemos a terra de um modo um pouco diferente. E Voisin, este grande francês, disse: "O animal é a biofotografia da terra pastoril". No homem, é diferente. Ele é apenas um animal "racional", quer dizer, ele pode pensar. Não age somente segundo seu instinto, que é programa original que recebeu pela natureza e que mantém os animais perfeitamente adaptados ao ambiente em que vivem. Ele pode agir livremente, pode modificar, estragar a terra e estragar a si mesmo. No Sul dos Estados Unidos da América (EUA), nas grandes pradarias, viviam antigamente 100 milhões de búfalos e antílopes. Atualmente, com toda tecnologia, vivem 106 milhões de bovinos, mas as terras estão tomando caráter desértico. Os animais selvagens não destruíram sua base vital; o homem, que decide agora, a destrói.

Mesmo morando em cidades, nossos alimentos provêm do campo. A terra nos mantém.

Brasil e sua terra

Entre nós se dá muita importância aos programas sociais, à saúde e à educação, gastando-se bilhões para melhorá-las. Mas crianças de mães famintas e criadas em regime de fome perdem a capacidade de aprendizado. *A base de qualquer educação formal eficaz é a alimentação!*

Uma pessoa malnutrida não possui resistência a doenças, à verminose e a outros parasitas. Não reage às vacinações. Nenhum programa de saúde, nenhuma construção de postos de saúde, nenhuma distribuição de remédios pode alterar isso. A alimentação é a base da saúde! Considerando aqui certamente a água tratada, o saneamento básico e o sol.

Nos programas sociais se fala muito dos direitos humanos, e se entende como direito a posse de um televisor, de eletrodomésticos, de um automóvel. Por isso, se dá tantos privilégios às indústrias, que vivem do ingresso de divisas que a terra gera exportando seus produtos. Mas a base de qualquer bem-estar e progresso é a alimentação, o prato cheio! Somente depois dela vem a moradia, a vestimenta, a educação e, finalmente, os supérfluos. Se nós começamos com os supérfluos, não se sabe como o povo se alimentará.

Constroem-se gigantescas hidrelétricas para gerar energia, mas esquece-se que a água tem que passar pela terra e nascer em fontes para poder garantir o caudal dos rios e acionar as turbinas. Sem uma terra permeável, parte das turbinas é paralisada e há corte de energia.

Não existe dinheiro para pagar a dívida externa porque as terras não conseguem produzir o suficiente para a exportação e as indústrias exportam somente quando as matrizes, lá fora, resolverem.

Prosperidade e miséria, progresso e decadência dependem da terra!

O que é terra

Já pensou o que é, finalmente, a terra?

São quantidades enormes de partículas de rochas moídas, finamente, igual às areias? Ou são minerais dissolvidos por ácidos excretados por líquens e raízes, recristalizadas, como as argilas? São trazidas pelas águas ou pelos ventos? Modificadas pelas chuvas e pelo calor?

É de tudo um pouco, mas é muito mais. Terra é um organismo vivo como os micróbios, plantas, animais e homens. Define-se um organismo vivo como aquele que possui respiração, aspirando oxigênio e expirando gás carbônico: a terra o faz! Possui temperatura própria? – a terra tem! Possui metabolismo, que designa o gasto de energia para processos de construção e decomposição de substâncias orgânicas, conhecido como digestão? Tudo isso a terra faz.

Portanto, a terra é um organismo vivo. E terra "morta" não produz, como o subsolo exposto que é morto. Também vaca morta não dá leite.

Dizem que um organismo vivo deve ter esqueleto, cabeça, tronco e membros. Mas existem muitos organismos que não têm esqueleto, como as borboletas e todos os insetos, vermes, caranguejos e outros animais marinhos. Mas, no mínimo, devem ter tronco e cabeça. Também isso nem sempre necessitam. Cabeça chamamos o centro nervoso do corpo. Mas existem corpos que vivem soltos e mesmo assim obedecem a uma "cabeça", como os cupins. São milhões de cupins que vivem num cupinzeiro. Mas se morrer a "rainha", que é a "cabeça", todos os cupins morrem dentro de 24 horas. Não há maneira de sobreviver sem a sua "cabeça". E, embora cada cupim pareça ter uma "cabeça", ela serve somente para receber impulsos da "cabeça" verdadeira, que é a rainha. Portanto, são formados por um corpo, sem um tronco ou uma pele que os una.

Na terra, este "centro nervoso" é mais vago ainda. O que dirige toda a vida deste organismo são somente os equilíbrios dinâmicos programados pela força maior que chamamos Deus.

Que são equilíbrios dinâmicos

Os equilíbrios dinâmicos poderiam também ser chamados de ciclos.

No ciclo do carbono, o gás carbônico provém da terra e se encontra no ar. É captado pelas plantas e transformado na fotossíntese em açúcares simples, como glicose e ácidos orgânicos, dos quais a planta forma todas as suas substâncias como amidos, proteínas, ácidos graxos, vitaminas, fibras etc. Calcula-se que 58% de cada planta seca, ou seja, quando retirada a água, é carbono.

Ao morrer, a planta ou o animal é decomposto, liberando novamente gás carbônico para o ar, para outro ciclo.

No ciclo da água, cai a chuva, penetra na terra pelos poros, segue em parte até o depósito subterrâneo, que se chama lençol freático. Dali, nasce como fonte ou vertente, forma córregos, riachos, rios, desemboca no mar, onde se evapora formando nuvens, sendo levada pelo vento sobre a terra, quando chove novamente.

O equilíbrio dinâmico depende do movimento e transformação e de que todos os estágios se realizem perfeitamente para poder chegar, por fim, ao estágio inicial.

Se, por exemplo, a superfície da terra perder sua porosidade e se tornar pouco permeável, o ciclo da água se reduzirá porque a água não se infiltrará mais na terra e escorrerá imediatamente de volta para o oceano, causando erosão e enchentes. Em seguida, faltará água tanto para as lavouras quanto para as represas e hidrelétricas, causando cortes de energia elétrica. Com isso, não haverá mais nascentes e os poços deverão ser mais profundos. Enfim, ocorrerá desertificação.

A terra, em seu conjunto, somente poderá ser um organismo perfeito se tudo permanecer em equilíbrio. Mas a terra e as plantas podem substituir equilíbrios quebrados, incompletos. Se um fator de equilíbrio se modificar, adaptam-se todos a este fator modificado. Chama-se a isso de sucessão. Outro equilíbrio, outra comunidade de plantas sucede ao primeiro. É um pouco mais pobre, um pouco mais primitivo, mas funciona. Assim, a natureza, pouco a pouco, substitui seus equilíbrios vitais, seus serviços ecossistêmicos, chegando da mata virgem ao deserto, numa regressão ecológica, inóspita para a vida superior.

Diz-se que todos os desertos foram feitos pelo homem. No Saara, na África do Norte e no Gobi, na Mongólia asiática, se descobriram vestígios de povoações, de estradas, de utensílios domésticos, de uma vida rica desaparecida. Antes de se tornarem desertos, foram paisagens férteis e prósperas. E o Oriente Médio, atualmente deserto, vivendo de petróleo, não teria sido o berço da cultura ocidental se não tivesse existido uma agricultura florescente. Em desertos vivem nômades, mas não se desenvolvem culturas humanas.

A terra é um organismo vivo, sendo a parte mineral o "esqueleto"; os micróbios e micro-organismos e pequenos animais, os órgãos; e a água que circula nos poros, o sangue, que nele não tem cor vermelha, mas parece um "soro fisiológico" que as plantas absorvem diretamente através de suas raízes. E também pela pele.

A pele da terra

Esta "pele" da terra necessita de renovação constante, como também nossa pele se renova sempre. E esta renovação não ocorre sem a vida. Esta precisa de alimento: folhas, raízes e plantas mortas, árvores caídas, excreções de raízes e de animais, ou seja, simplesmente o cocô e o xixi das plantas e pequenos animais, micro-organismos velhos ou fracos, plantas doentes, e até seres primitivos como bactérias e amebas, ovos e larvas de insetos etc. É um comer e ser comido. E isso é o que chamamos de "pirâmide alimentícia". Os organismos mais desenvolvidos ou com proteínas mais complexas comem os mais primitivos com proteínas mais simples. E quanto mais desenvolvido um animal, tanto menos existem por metro quadrado.

Cada corpo, cada organismo, somente se mantém vivo se receber ar, oxigênio. Mas a terra não tem nariz, nem boca e não tem pulmão. Respira unicamente através da pele. Se não recebermos ar, morremos asfixiados. Exatamente o mesmo ocorre com a terra. Ela respira unicamente através de sua "pele", de modo que se esta não pode mais respirar, morre asfixiada.

A "pele" que a terra possui é a camada macroporosa na superfície (protegida por três camadas: parte aérea das plantas vivas, camada de serapilheira e a camada de raízes das plantas). Nossa pele também é porosa e a das plantas não é diferente, apenas possui outro nome: nas plantas chamam-se os poros de estômatos. E, como a terra respira através de sua pele, a natureza dedica muito carinho à sua formação e proteção. Toda vida da terra depende dela. Por isso, as plantas depositam ali as folhas, as gramas e os capins quando morrem. Num último gesto de amor se estendem sobre ela, formando uma densa camada orgânica. Aqui, existe a maior parte da vida. O homem do campo chama esta parte da terra de "gordura da terra". E toda vida, também a das plantas, depende dessa "gordura". Não que seja gordurosa, mas é a parte responsável para produzir plantas "gordas" e vigorosas, bem nutridas e produtivas.

Mas os poros dependem de quê?

Eles se formam pelo agrupamento das partículas da terra. Se fossem finos como a farinha, o ar e a água não poderiam entrar. Mas se estas partículas se agrupam, parecendo agora como uma quirera fina, formam pequenos buraquinhos entre esses agrupamentos ou grumos, que chamamos macroporos, por onde podem penetrar o ar e a água.

São os poros grandes ou macroporos que servem tanto para a entrada de ar quanto para a de água. E de ar precisam a terra e as plantas para viver. Não é suficiente que as folhas das plantas estejam envoltas de ar. Pouquíssimas plantas possuem um sistema de tubulações com capacidade para levar o ar captado pelas folhas até as raízes. A maioria das plantas necessita de ar na terra. A única exceção, como planta de cultura, é o arroz.

E água é a base da vida. De 84 a 95% das plantas são formadas por água. As bactérias são somente gotículas de proteína estruturada funcionando como organismo, mas sem pele, apenas uma membrana por meio da qual absorvem sua alimentação. E aí a água é um dos fatores mais importantes.

Os grumos da terra e sua importância

Estes agrupamentos, agregados ou grumos, poderiam se desmanchar em contato com a água, pois a atração eletroquímica não é suficiente. E, se pegarmos a terra grumosa do subsolo e a colocarmos na água, ela se desmanchará imediatamente. Não é estável. Para isso, seria necessária a presença de bactérias para formar uma espécie de geleia, os ácidos poliurônicos, com que cimentam os grumos, e de fungos para amarrar os grumos com seus finos filamentos, as hifas. Estas os amarram deixando os grumos firmes, estáveis, parecendo pacotinhos.

Mas os grumos, estes minipacotes, não são eternos. Os fungos não os amarram de graça. Recebem em troca a geleia que comem. E quando tudo foi gasto, os fungos também morrem e os finos fios se rompem. Por isso, a pele da terra deve ser tão bem protegida. Caso contrário, as gotas de chuva que caem com tremenda força poderiam desmanchá-la. Todos conhecem as casas dos agricultores, com as paredes até 1 metro de altura, salpicadas de terra vermelha. São as partículas de terra que as gotas de água arremessam até 3 metros de distância. São as partículas que conseguiram arrancar dos grumos, que agora desmoronam completamente e, com eles, os macroporos. Por isso, a natureza cobre a terra primeiro com um manto de folhas mortas, depois com uma vegetação baixa e, finalmente, com a mata. Três camadas de proteção (quatro se considerarmos as raízes). E os torós tropicais não batem sobre a terra, mas suas gotas deslizam suavemente das folhas das árvores, ou dos galhos e troncos das plantas e, finalmente, da camada de matéria orgânica sobre a terra. Não destroem nada, entram suavemente, regando a terra.

Quem já foi à região amazônica sabe que, onde ainda há mata, as pontes sobre os córregos, chamados de igarapés, passam somente meio metro por cima da água. Não há enchente. Se houvesse, não existiriam pontes tão baixas.

As enchentes vêm com a derrubada da mata. Lá, não existe mais proteção da terra. A chuva bate na terra indefesa, desprotegida, destrói os grumos, destrói os macroporos, encrosta a superfície da terra. Aí começam os problemas. Estas crostas até parecem sarna.

Com isso, agora há falta de ar na terra e falta de água. Muitos fungos e bactérias morrem, muitos microanimais morrem e até as minhocas se enrolam e fazem um nó no corpo como para apertar o cinto. Continuam somente estes que conseguem viver com pouco ar, os anaeróbios. E a maioria destes não fazem bem à terra.

E como a maior parte da água escorre, formando enxurradas, erosão e juntando-se em enchentes, ficam com pouca água, porque não há mais nascentes. E sobrevivem somente estes micro-organismos e animais que suportam a seca.

Os micro-organismos (bactérias e fungos), microanimais e insetos

Numa colher das de chá cheia de terra existem de 2 a 20 milhões de germes. Neste pouquinho de terra há tantos micróbios quanto a população inteira da Grande São Paulo. São imensas quantidades que se multiplicam de meia em meia hora, mas também somente vivem duas a três horas.

O corpo das bactérias, composto de uma única célula, não possui boca, nem trompa, nem orifício para ingerir sua alimentação. Também não tem pele, apenas uma tensão externa do citoplasma, às vezes nomeada de membrana. Também a gota de água tem uma tensão externa. E se enchermos um copo com água e colocarmos, com muito cuidado, uma agulha deitada em cima da água, ela se manterá segura por essa tensão superficial, boiando. Mas se enchermos um tanque com água e colocarmos detergente ou álcool, um pato que entre neste tanque afundará porque tiramos a tensão da água.

Chamamos de micro tudo que é incrivelmente pequeno, tão pequeno que somente pode ser observado com aparelhos especiais, como por exemplo, um microscópio. Há micro-organismos e microplantas. E enquanto a planta forma as substâncias orgânicas a partir de gás carbônico, água e minerais com ajuda de energia que retira da luz, as microplantas a decompõem até a transformarem em gás carbônico, água e minerais, liberando a energia, mas desta vez em forma de calor. São a "polícia sanitária" da natureza, programada para eliminar tudo que não presta mais para a vida.

Toda vida é programada como num computador, para que se encaixe perfeitamente no conjunto de estruturas e interações de um lugar, no ecossistema. Ela não pode modificar nada por iniciativa própria. Isso significa que deve seguir o programa à risca. Não pode raciocinar, nem fazer outra coisa a não ser a que está programada. E esta programação da vida foi feita pela força onipotente que criou todo universo e que chamamos Deus.

Assim, os microsseres foram programados para o serviço discreto de concluir o ciclo vital. Se não houvesse decomposição, o mundo estaria entulhado por cadáveres de animais, plantas e homens. Não teria mais lugar para a vida há milhares de anos. Na Austrália, há um deserto formado por não existir decomposição. Lá se amontoam plantas mortas até 2 metros de altura. E como uma planta não é capaz de comer pedaços de outra, ali parou a vida. E tentam por todos os meios decompor esta acumulação de matéria orgânica que barra a continuação da vida vegetal e animal.

Muitos micro-organismos são programados para decompor, destruir, para "limpar" o caminho para a vida. Tudo que não é plenamente apto para viver é liberado. Atacam também plantas com metabolismo fraco e problemático. E aí se chamam de "doenças vegetais". Se aparece uma doença vegetal, pode-se ter certeza de que alguma coisa está errada na alimentação da planta. Cultura vigorosa não é atacada por peste nenhuma, igual a pessoa forte que não pega doença. Mas uma planta não é vigorosa quando superalimentada com nitrogênio, como bebê que não é forte quando engordado com maisena, ou animal que teve seu desenvolvimento apressado por hormônios.

Como se criam pragas

Os micro-organismos são muito especializados. E cada uniformização da vegetação leva à seleção. Assim, plantando sempre a mesma cultura, uma monocultura, por exemplo a soja, alguns poucos organismos são selecionados para utilizar as excreções radiculares da soja. A seleção já é grande quando ainda é possível retornar a palha à terra. Mas é maior quando se queima a palha da cultura para eliminar pragas ou doenças. Assim, a lei obriga queimar os restolhos de algodão por causa da lagarta rosada e do bicudo, ou queimar a palha do arroz, por causa de brusone. Desse jeito não há mais nada a comer na terra a não ser as excreções radiculares. A terra se torna um grande deserto com alguns oásis, que são os espaços das raízes, igual aos oásis no deserto, com algumas tamareiras ao redor de um poço.

E como nas culturas mecanizadas a terra é mantida rigorosamente limpa de qualquer planta invasora, capinada, cultivada ou tratada com herbicidas, o aquecimento da terra é outro fator seletivo. Poucos organismos suportam o calor. E como ao calor se liga a seca, é mais um fator seletivo. Quem não aguenta a seca morre dando vantagem àqueles que se podem encistar ou desidratar como os nematoides, que podem sobreviver até 25 anos na forma desidratada, suportando calor e anaerobismo.

E a terra encrosta por estar exposta ao sol e à chuva, tornando-se anaerobia. É o quarto fator de seleção. De modo que os que sobrevivem são muito poucos, é seleção demais. E as poucas espécies que podem se desenvolver são as "sem inimigo", sem controle. Não que faltasse o "inimigo natural", mas simplesmente não há condições de vida para ele. O que falta é o equilíbrio ecológico e biológico, o comer e ser comido que mantém o controle. E os "escolhidos", agora sem controle, a qualquer momento podem se tornar peste ou praga.

A vida da terra depende das substâncias orgânicas à disposição no solo. Vale a regra: quanto mais material orgânico diversificado existir na terra, tanto mais espécies de seres vivos terá e tanto menor a possibilidade de uma multiplicação exagerada de uma ou outra espécie.

O que é matéria orgânica

Chamamos de matéria orgânica tudo que tem origem animal ou vegetal e que, portanto, contém carbono como base de sua estrutura. São restos de culturas, plantas cortadas, palha, folhas e raízes mortas, ácidos inorgânicos, álcoois, aminoácidos, açúcares e vitaminas excretados pelas raízes, toxinas e antibióticos excretadas por raízes e micro-organismos, excrementos de pequenos animais, bactérias, fungos, nematoides e amebas. Enfim, microsseres cuja vida é tão curta que logo já estarão mortos e serão decompostos. Em terra boa e ativa, até 2% da matéria orgânica pode ser de micro-organismos e suas excreções.

Como cada planta tem sua composição, substâncias e sabores, a vida é tanto mais diferente e diversificada quanto mais a vegetação for diversificada. Cada verdura, cada fruta e cada grão tem gosto diferente? Pois é, suas palhadas também o têm.

A matéria orgânica não serve tanto como "adubo" para as plantas, mas especialmente como alimento energético aos organismos da terra. E, através deles, é o fator decisivo na formação de macroporos na superfície da terra.

Matéria orgânica: o alimento da vida e da terra

Enquanto se acreditava que matéria orgânica era somente adubo, todos a enterravam para que as raízes, quando chegassem a maiores profundidades na terra, a encontrassem ali. Mas ocorre que, no clima tropical, enterrar a matéria orgânica não leva a nada, porque ela não se decompõe mas simplesmente enturfa. Após oito anos, podia-se encontrar palha enterrada a 40 cm de profundidade. E mesmo se houvesse bactérias que a decompusessem, as substâncias que produziriam não seriam benéficas às plantas, ao contrário, seriam tóxicas como o metano, sulfetos e outros. E ainda iria imobilizar o nitrogênio do ar da terra, retirando-o dos nutrientes vegetais e não como normalmente acontece, fixando-o do ar atmosférico por meio de bactérias fixadoras. Por isso é que, após a aplicação profunda da matéria orgânica, tinha de se esperar no mínimo três meses antes de poder plantar alguma cultura.

Onde se deposita a matéria orgânica na natureza? Sempre na superfície, porque ali ela precisa da renovação de sua "pele" e de seus macroporos. Lá embaixo da terra, enterrada, não adianta nada. A camada esponjosa que deve chupar a água e aspirar o ar tem que estar na superfície. O papel da matéria orgânica não é o de servir como adubo mas de nutrir a vida da terra e renovar os grumos gastos. Se a superfície funcionar, a planta não terá lajes no caminho de sua raiz e pode procurar os nutrientes em maior profundidade, como o faz o milho ou algodão; ou pode estender as raízes na superfície e cobrir grandes extensões, como o faz o centeio e o cactos. A matéria orgânica tem de criar condições para a entrada de ar e de água na terra por meio da diversificação e intensificação da vida. Cita-se primeiro o ar, porque sem oxigênio não há absorção de água. Sem ar, faltará energia para a planta, seu metabolismo será fraco e a planta não terá como "digerir" sua alimentação e formar substâncias orgânicas. No caso da água, sem ela, não há vida.

Que fique muito claro que a matéria orgânica existe como alimento da vida na terra para que esta realize seu trabalho. Se a matéria orgânica também libera nutrientes durante sua decomposição (ou como o povo diz, apodrece), deve ser considerado um brinde.

Tentaram descobrir qual a relação entre a quantidade de matéria orgânica e o nitrogênio da terra e o desenvolvimento das culturas. Por quê? Porque o importante não é o nitrogênio nela contido, mas a formação de poros de arejamento. É o metabolismo vegetal que tem que funcionar.

A decomposição de matéria orgânica

Por que se diz decomposição ou reciclagem quando, na verdade, trata-se da alimentação da vida? Com o mesmo raciocínio poderia se dizer a defecação da vaca quando se fala sobre o pasto. Há muitos erros de concepção e interpretação que permaneceram e que foram incorporados às culturas humanas como verdades. Um exemplo é a história da fundação de Roma. Diziam que uma loba havia criado Rômulo e Remo e o símbolo de Roma é uma loba amamentando os dois pequenos príncipes. Mas depois se descobriu que "loba" se chamava, naquela época, a ama de leite. Mas quando descobriram isso já era tarde demais para mudar o símbolo da cidade. Da mesma maneira, quando descobriram que a matéria orgânica se decompõe na terra, não sabiam ainda dos micro-organismos e dos microanimais. Se depararam com o fato de que ela apodrecia e daí a palavra decomposição, no lugar de alimento.

Como já foi dito, os micro-organismos não podem engolir pedaços de plantas para se alimentar. Como seres compostos de uma única célula podem fazer isso? A resposta está no fato de que eles são excelentes químicos. Tratam seu alimento, ou substrato, com uma substância química, a enzima, e com ela digerem o alimento fora de seu corpo para depois absorvê-lo. Esta enzima (e as bactérias possuem somente uma) consegue juntar um oxigênio ou uma molécula de água a uma determinada estrutura química. Esta estrutura fica então "mais pesada" e se quebra. A bactéria então absorve o alimento líquido, utiliza o que pode e excreta o resto.

Outra bactéria, em seguida, junta outro oxigênio e vai unindo oxigênio, quebrando e absorvendo, excretando e juntando até que não resta mais nada a não ser gás carbônico, água e minerais. Em cada etapa é uma bactéria diferente que entra com sua enzima, porque é específica para um determinado estágio de decomposição. Se faltar uma bactéria nessa "esteira de decomposição", o processo é interrompido e os fungos entram.

Fungos trabalham de maneira mais lenta e enquanto as bactérias não deixam restar nada a não ser minerais, os fungos formam húmus. E eles defendem sua comida por antibióticos para se assegurar a exclusividade.

As minhocas

Também os animais de terra são eficientes na produção de húmus. O que os fungos podem, eles também podem. Há os saltadores ou colêmbolos, muitas espécies de ácaros, nematoides, milipés, besouros, vespinhas e, por último, as minhocas. Todos ajudam na decomposição da matéria orgânica cavando, misturando, comendo, excretando e formando o húmus. O húmus é tanto mais valioso quanto mais animais pequenos trabalharem na sua formação. Húmus é como feijoada, é bem mais rico que a matéria orgânica original e nem tem mais a estrutura do material do qual se formou.

As minhocas não somente formam húmus, mas também os agrupamentos ou agregados, os grumos que a terra tanto precisa. Engolem a terra junto com a matéria orgânica, digerem-na, enriquecem-na com cálcio e finalmente excretam os grumos prontos. Cavam e reviram a terra e se diz que em 3 anos conseguem revirar toda a camada arável da terra. Mas para poder viver, precisam de sombra, umidade, matéria orgânica e um pouco de cálcio e fósforo para poder começar. Não adianta inocular minhocas numa terra que não tem condição de mantê-las. Um homem me trouxe um saco de minhocas de presente quando iniciei a recuperação da terra, mas eu não tinha ainda um lugar na fazenda onde elas pudessem sobreviver.* Mas quando a terra é boa, elas aparecem, seus ovos são trazidos com a terra que gruda nos sapatos, levados pelo vento ou pelas patas de insetos. Minhocas melhoram a terra na qual se assentaram.

Um pasto pode manter tantos quilos de ovinos quantos quilos de minhocas se encontrarem na sua terra. Nos Estados Unidos, se compram minhocas enlatadas em supermercados para pesca. No Rio Grande do Sul e Pernambuco, exportam minhocas para a Holanda para virar a terra deles. Em São Paulo, importam-se minhocas dos Estados Unidos porque acham que são melhores quando não entendem português. Criam-se minhocas para a produção de rãs simplesmente com esterco de gado misturado com terra e coberto com capim. Especialmente com esterco de galinhas, as minhocas se criam grandes e fortes e em incrível quantidade. Até demais, de modo que tem gente que pede um remédio para matar minhocas que tornam a terra tão permeável que não segura mais a água para as plantas.

Em terra arada, as minhocas não aparecem no nosso clima. No plantio direto, o número das minhocas numa pazada de terra é o critério para diferenciar uma tecnologia certa ou errada. E em Ponta Grossa (PR), tem um "Clube das Minhocas" entre os agricultores do

---

* Ana refere-se ao período em que comprou uma propriedade na cidade de Itaí, no estado de São Paulo. A terra da fazenda era muito compactada, degradada. Este foi um dos motivos pelos quais Ana quis morar ali: regenerar a terra e aplicar todo seu conhecimento sobre a vida do solo. Conseguiu. A fazendo tornou-se produtiva, o solo foi plenamente recuperado.

plantio direto. E se as minhocas diminuem em suas terras, vão ao vizinho pesquisar o que está errado. Minhocas fogem de terras com defensivos, embora pareça que não se importam muito com os herbicidas. Fogem igualmente de amônia adubada, que as mata. Há muitas espécies. Das pequenas, finas e brancas que aparecem em plantação de serradela até as grandes, vermelhas, que cavocam até 2 metros de profundidade.

A diversificação da vida da terra

A vida da terra depende da quantidade, variedade e qualidade da matéria orgânica. É sua comida. E se existe pouca, muitos organismos morrem. Se existe somente uma variedade, somente alguns micro--organismos a podem utilizar. Quanto mais espécies de seres vivos existirem, ou, quanto maior seu número e sua diversificação, tanto melhor é o controle entre eles e tanto menor o perigo do aparecimento de uma peste ou praga. Se há 1 mil exemplares de duas espécies, o perigo de ocorrer pragas é grande, mas se há 1 mil exemplares de 200 espécies, o controle é perfeito.

Por isso na mata virgem amazônica raramente se encontram mais do que três árvores de uma espécie numa área de um hectare. A natureza se preocupa em fornecer comida a mais diversificada possível para que permaneça o equilíbrio entre a vida da terra e nenhum organismo se multiplique descontroladamente.

Querem saber como se chama o "inimigo natural"? Não se sabe e não interessa saber. Interessa apenas que todos controlam a todos. Assim ficam benéficos à terra e não há perigo de se tornarem parasitas. Quanto maior a diversificação de plantas, maior a diversificação da vida da terra. Plantas do mesmo gênero não penetram no espaço radicular de outra. Mas plantas de espécies diferentes podem explorar o mesmo espaço, porque não são concorrentes. Assim, mais do que um barzinho por quadra não se suporta porque a concorrência será forte, mas estabelecimentos diversos podem ser abertos um ao lado do outro. Não concorrem. Assim é com as raízes e assim é com a vida que elas criam.

O controle da vida

Existem pessoas que dizem que não dá para controlar a vida da terra por esta ser pequena demais e, em sua maior parte, invisível a olho nu.

Outros procuram desesperadamente o "inimigo natural", um fungo, uma vespinha, um besourinho, porque acham que é isso o que falta.

Terceiros opinam que tudo que não é defensivo químico com ação fulminante seria besteira. Mas finalmente há os que consideram os seres vivos da terra como "nossos animais domésticos" mais importantes. Se vão bem, a terra é boa, as colheitas são fartas e animais e homens são sadios. Mas se vão mal, a terra é cansada e exausta, as colheitas inseguras e fracas, cheias de pragas e doenças. Os animais estarão doentes, as crianças fracas e sem vigor e os adultos indolentes e sem vontade de trabalhar.

Para que todos tenham vez, a terra deve ser protegida para ficar fresca e suficientemente úmida. Se a palha deixada no campo se decompõe muito lentamente, como ocorre em campos agrícolas muito desgastados, em pastagens maltratadas, esta palha fica por muito tempo sem se alterar. Está faltando a vida. Uma adubação com termofosfato como o Yoorin, Escória de Thomas, farinha de osso ou até um fosfato natural muito bem moído dá os nutrientes necessários à vida e a decomposição se inicia rapidamente.

Todos os seres vivos necessitam de minerais. E quando num pasto a palha não queria se decompor e impedia a rebrota por um ano, o desespero foi grande. Mas quando se colocou o Yoorin, a palha do capim sumiu como manteiga no sol.

Para controlar a vida da terra, existem várias possibilidades:

1. variar ao máximo a comida, a fonte de energia. Portanto, a rotação de culturas, cultivos consorciados e adubação verde na

entressafra são indispensáveis, como o retorno periódico de toda matéria orgânica. Não é boa opção dar a resteva para o gado. Resolve o problema do gado mas não resolve o da terra. E com a troca organizada de cultivos o perigo de ocorrência de brusone, do bicudo, de helmintosporiose, da lagarta da soja e de outras doenças e pragas é muito menor. O que vale é comida, muita comida e muita variedade. O pessoal do campo diria: bastante comida e muita mistura;

2. evitar situações seletivas. Que é uma situação seletiva? Uma terra nua, desprotegida, exposta ao calor do sol e impacto da chuva:

- o calor seleciona, a seca seleciona e o anaerobismo da terra por causa da crosta que a chuva formou seleciona também; ficam os poucos seres vivos que suportam isso;
- a monocultura é seletiva: somente aparecem os que podem utilizar sua palha e suas excreções radiculares;
- o fogo é seletivo: quando se queima a matéria orgânica, a palha, o único alimento que resta são as excreções das raízes e isso num ambiente seco, quente, anaeróbio; quantos o suportam?;
- a acidez na terra é seletiva: o pH não pode cair abaixo de 5,6 para não liberar o alumínio tóxico;
- a compactação pelo tráfego excessivo de máquinas pesadas é seletiva; é um anaerobismo acentuado. Num cultivo normal de soja, as máquinas passam mais ou menos 18 vezes sobre o campo. Num cultivo de algodão, até 30 vezes. E se isso ainda ocorrer numa terra bastante úmida, o efeito é pior.

A raiz, bairro industrial da planta

A raiz tira a água da terra e com ela os nutrientes. Ela produz a energia, forma as primeiras substâncias orgânicas, armazena reservas para a floração e frutificação, elimina o "lixo orgânico", avança na terra explorando sempre novos espaços, quebra lajes duras, modificando as condições precárias da terra, afofa-a, fixa nitrogênio e mobiliza fósforo com a ajuda de micro-organismos. Ela é uma parte integrante da terra. Das raízes depende boa parte da vida da terra. Delas dependem as plantas. A planta será aquilo que a raiz consegue fazer dela. Mas quem já cuida da raiz? Ela tem sua vida própria, soltando substâncias tóxicas com que defende seu espaço, seu território. É uma guerra química constante contra micro-organismos que ela não aprecia, contra raízes congêneres. Estes antibióticos somente impedem a entrada de raízes da mesma espécie, da mesma variedade, mas são inofensivos contra raízes de outras espécies.

Em monocultura, o espaço radicular é muito restrito. Para os lados, as raízes congêneres limitam-no e, para baixo, ocorre geralmente uma laje dura, que barra o caminho. Na mata, o mesmo espaço é utilizado por muitas; no campo agrícola somente por uma única raiz. Por isso a terra da mata parece rica, porque o espaço à disposição de cada raiz é grande. No campo, a terra parece pobre. O espaço de cada raiz é muito pequeno. Raiz é como um profissional: muitos da mesma profissão não podem ocupar o mesmo espaço.

A raiz necessita de quatro fatores para cumprir sua função: ar, água, nutrientes e uma temperatura amena.

A seca

A seca é a falta de água, mas nem sempre é a falta de chuva. Existem desertos com 2.400 mm/ano de chuva e existe agricultura florescente com 300 mm/ano de chuva. A seca é o resultado:

1. da má distribuição das chuvas. Não chovendo durante um certo período, a falta de água faz as plantas murcharem;
2. da má infiltração da água na terra. A chuva que cai não faz as plantas crescerem. O que rega as plantas é a água que penetra na terra. E se esta é dura, encrostada, compactada, a água que entra é pouca e a que escorre é muita. Portanto, há erosão e

enchentes na hora da chuva e seca com uns poucos dias de sol. Não ficou água na terra!;

3. da exposição da terra limpa, nua, ao sol. A água que com custo entrou na superfície da terra evapora no calor do sol que aquece a terra;

4. do vento permanente, ou seja, a brisa. Este vento se encarrega de levar embora imediatamente a água que o sol evaporou. Assim, arruma lugar para que outra água possa evaporar-se, sair da terra e ser levada. Pode levar até 7.500 toneladas de água de um único hectare por ano;

5. do mau aproveitamento da água pelas plantas por causa de uma nutrição deficiente, um espaço radicular muito limitado e a falta de oxigênio na terra, que aumenta ainda a má nutrição das plantas por desacelerar o metabolismo. Planta malnutrida gasta quatro vezes mais água para formar 1 kg de substância orgânica seca (contada sem água) do que uma planta bem nutrida. E para que uma planta seja bem nutrida tem de ter nutrientes na terra, ter a possibilidade de absorvê-las, mas também a possibilidade de metabolizá-las. Se o metabolismo é lento, a planta pode se "engasgar" e se intoxicar pelos nutrientes absorvidos, mas não cresce e mostra todos os sinais de má nutrição;

6. da calagem e adubação muito pesada. A raiz tem de absorver o adubo dissolvido na água que existe na terra. Se há muito adubo e pouca água, forma-se um tipo de salmoura e a raiz, em lugar de absorver água, a perde. É como na desidratação das crianças em que o intestino não absorve mais o líquido mas tira líquido do corpo. E este estado se chama "seca fisiológica". Na cultura da batatinha, por exemplo, onde se aplicam até 23 t/ha de adubo misto, é preciso irrigar também três vezes ao dia para que as plantas não morram na salmoura (aumenta a salinidade no solo, e o sistema radicular reduz muito).

Vê-se, então, que a falta de água para as plantas não é somente um flagelo que Deus mandou, tem muita culpa nossa nisso. Sem falar do desmatamento, que muda o regime das chuvas, tornando estas mais raras e mais pesadas (intensas). Mas mesmo semanas a fio de seca ainda não afeta a terra e as culturas se a terra não aquecer, se ficar numa temperatura amena. Para isso tem que estar coberta, com cobertura morta.

A temperatura

A temperatura da terra é considerada por poucos, embora existam experiências boas e resultados sérios que provam os malefícios de uma temperatura alta.

Se uma pessoa tem temperatura alta é febre, acusando doença. Se a terra tem temperatura alta, por causa da insolação, também é como doença, porque as colheitas baixam consideravelmente.

Quem trabalha no campo usa chapéu porque não aguenta o sol o dia todo. Dá muita sede, dor de cabeça, até insolação com vômito pode dar, então as pessoas se protegem. O agricultor geralmente não usa camisa de manga curta porque é mais quente o sol na pele do que com manga comprida. E os boias-frias põem chapéu ou lenço na cabeça, blusa de manga comprida e calça. Andam bem protegidos para aguentar o sol.

E a terra? A terra é capinada, tratada com herbicidas, plantada em linhas distantes. Ela fica nua, exposta e pode aquecer muito. Temperaturas de 46 a 52 °C são normais, mas em casos extremos pode atingir 76 °C no Brasil e 83,2 °C na África. O calor da terra dá até para fritar ovos!

E quais plantas devem crescer aqui? A maioria das plantas absorve água somente até uma temperatura de 32 °C na camada superficial do solo. Existem algumas poucas que conseguem ainda absorver até uma temperatura da terra de 39 °C. Mas acima disso não há mais planta que possa absorver água. 39 °C equivale a um banho quente. Até galinha morre quando bebe água com esta temperatura.

Isso significa que durante o calor do dia as plantas param de absorver água. Fecham seus poros, os estômatos, e entram em "estado de sítio". Não sai mais água, mas também não entra mais gás carbônico para a fotossíntese, para o crescimento. Tudo é somente a mais pura luta pela sobrevivência. E quantas horas por dia são perdidas deste jeito?

A partir de 36 °C, a cada 0,5 grau a mais, a planta armazena 2% de carboidratos a menos na sua raiz. Quer dizer, com um aquecimento diário a 45 °C, que é muito pouco ainda, perde-se 18% de reservas e com 52 °C perde-se 32%, ou seja, um terço menos do que o normal. Mas o problema é que estas reservas que a raiz acumula existem justamente para atender à planta no momento da formação de flores e maturação de frutos. Um terço a menos de reservas, um terço a menos de colheitas. Então se o milho daria 15 t/alq, vai dar somente 6,5 t/alq. A perda é considerável.

E enquanto num campo perto de Brasília medimos 75 °C na terra de milho, medimos somente 25 °C numa terra com cobertura morta. Era um campo vizinho do outro!

E mesmo no Brasil equatorial, na mata virgem, a temperatura da terra não passa de 26 °C. A terra é protegida. Este é um dos segredos da vegetação exuberante.

Esta tecnologia de manter a terra limpa veio do clima temperado, onde vale tudo para captar um pouco mais de calor para as culturas para fazer produzir suas terras frias, ou até mesmo congeladas no inverno.

Com a temperatura da terra também aumenta sua necessidade de ar, simplesmente porque o oxigênio, que deve se dissolver na água para ser absorvido pela raiz, se dissolve menos quando a água possui temperatura acima de 25 °C. Então, quanto maior a temperatura da terra, tanto menos oxigênio se dissolve e tanto maiores quantidades se precisam para satisfazer à raiz. Aumenta a necessidade de uma estrutura macroporosa.

A falta de oxigênio na rizosfera desacelera o metabolismo, outra razão para a planta produzir menos. E como, com metabolismo fraco, a absorção de água e de nutrientes diminui, é uma outra razão da diminuição da colheita. É como funciona nossa economia, na qual um fator está ligado a outro e se entrarmos numa espiral inflacionária entramos em parafuso mesmo. Não é uma sequência de azar incontrolável, mas sim a interligação coerente e controlável entre fatores.

O ar

Quem pensa que a raiz necessita de ar? Ar existe suficientemente acima da terra, ao redor das folhas. Existe sim, mas estas não podem levá-lo à raiz. Somente o arroz pode levar o ar das folhas para a raiz, visto que, tal como as outras plantas que crescem em brejo ou água, possuem tubulações específicas para isso (o aerênquima). As outras plantas não o podem, têm de encontrar o oxigênio no espaço de terra que a raiz ocupa. Mas nem o arroz gosta de terra sem ar por causa da modificação dos nutrientes. Eles sofrem redução e podem ate se tornar tóxicos.

A raiz é o bairro industrial da planta. Em sua fábrica, produzem-se as substâncias vegetais, no mínimo as semifabricadas. Mas qualquer fábrica necessita de energia. Sem energia não funciona. E esta raiz produz em sua usina termoenergética.

A planta capta energia solar e para poder estocá-la, forma na fotos-síntese substâncias primitivas, os chamados carboidratos. Aí a energia pode ser armazenada. E se precisar de energia, pode ser transportada sem dificuldade alguma a qualquer lugar onde estas substâncias, depois, serão decompostas para liberar novamente a energia. É tudo muito simples. Mas o nó desse processo é que, para a decomposição destas substâncias, precisa-se de oxigênio, ou seja, ar na terra. Se a raiz encontra suficiente ar na terra, é tudo muito fácil. Na decomposição destas substâncias supereficientes, ganha-se muita energia (em média, 693 Kcal por mol de glicose na presença de oxigênio, e somente 29 Kcal por mol na falta de oxigênio, na fermentação). Gasta pouco e ganha muito, como numa economia próspera, sem inflação. Mas se faltar oxigênio, a terra tem de dar um jeitinho. Aumenta a decomposição de carboidratos que agora precisam ser decompostos de maneira fermentativa. Mas desta maneira gasta muito e ganha pouco, muito pouco, até 39 vezes menos do que normalmente iria receber. É como numa economia inflacionada, o dinheiro não dá para comprar o que precisa. E a planta gasta seus carboidratos e não ganha a energia necessária. No final, gastou muito mais do que podia, restou pouco para nutrir a raiz, não restou nada de reservas e resta muito pouco para formar substâncias vegetais. Baixa o metabolismo, que trabalha em baixa rotação, a raiz fica fraca e faminta, absorve menos nutrientes e água, há menos fotossíntese, menos substâncias formadas e a planta fica cada vez mais fraca.

O problema da planta é que os carboidratos deveriam ser repartidos em quatro partes: a primeira para ganhar energia; a segunda para abastecer a raiz para ter mais força para a absorção; a terceira para formar suas substâncias, para crescer, para formar novas células, para formar proteínas, amidos, graxos, vitaminas, enzimas, hormônios, fibras, substâncias aromáticas, antibióticos, substâncias de crescimento e outras; a quarta parte seria armazenada como reserva para a floração e frutificação, é o estoque regulador da planta.

Agora com este impasse de não ter encontrado oxigênio suficiente no solo, a energia custa caro, a planta "paga" um preço exorbitante e ainda não recebe quanto precisa. Os nutrientes absorvidos circulam na seiva à espera de serem metabolizados. Podem atingir até níveis tóxicos. E depois, como aconteceu na Bahia, existem tantos nitratos na seiva que podem matar os animais que comem estas plantas.

Oxigênio é fundamental para ter um metabolismo rápido e eficiente. Para que o metabolismo funcione com máxima eficiência, a planta precisa de duas coisas: *energia* e *enzimas*.

A energia depende do oxigênio no ar na terra e as enzimas, da nutrição.

A nutrição vegetal e as enzimas

Enzimas são "ajudantes" nos processos químicos da planta. São chamados também de "catalizadores", o que quer dizer que apressam a reação química mas não participam dela. É como uma mãe que ajuda a seu bebê a subir uma escada. Ela dá a mão e o bebê sobe. Sobe ele mesmo, ele vence a escada, mas a mãe ajudou.

Se há enzimas, as reações químicas ocorrem em um ou dois minutos. Se não tem enzimas, também ocorrem, mas levam de 2 a 3 horas. Quer dizer, a planta pode formar suas substâncias mas demora muito e ela forma poucas.

As enzimas não têm nada de misteriosas ou enigmáticas. São simplesmente proteínas que adotam como copiloto uma vitamina, a coenzima. Depois, a dupla tem de ser ativada por um íon metálico, ou seja, um átomo ou grupos de átomos. Átomo é a partícula menor da matéria e pode ter carga elétrica positiva ou negativa com uma, duas, três ou quatro cargas; usa-se dizer íon.

No momento que este íon se junta à dupla proteína-vitamina, esta se torna ativa como enzima. Há enzimas que duram e podem ajudar em milhares de processos e outras que somente ajudam em uns poucos, se desgastando rapidamente. O metal ativante pode ser potássio, que aliás, é o catalizador mais importante da vida vegetal; ou magnésio. Porém nestes mil e um processos químicos que não são básicos, mas que fazem o valor biológico da planta, atuam os micronutrientes. Micro porque aparecem somente em quantidades mínimas, por isso muitos acham que não são necessários. Mas a quantidade não testemunha a importância.

Atualmente onde se cultivam as plantas só com calagem e NPK as culturas recebem exatamente sete nutrientes (macronutrientes) por precisar todos em quantidades maiores. Com estes, mas se faltarem os micronutrientes, as plantas formam aminoácidos e não formam proteínas. Formam açúcares simples, mas nenhum açúcar complexo, formam poucas vitaminas, substâncias aromáticas etc. Assim os produtos possuem pouco aroma, pouco gosto e não têm resistência contra doenças e pragas, caruncham facilmente nos armazéns, possuem valor nutritivo baixo mas, em contrapartida, contêm bastante resíduos tóxicos dos defensivos.

Sabe-se que os macronutrientes têm de estar equilibrados por micronutrientes. Assim o nitrogênio precisa ser balanceado com cobre e este com molibdênio; fósforo tem de estar em equilíbrio com o zinco, potássio com o boro, cálcio com ferro e manganês e assim por diante. Cada espécie de planta tem suas proporções determinadas entre os elementos nutritivos.

Quando o trigo recebe muito nitrogênio, mas nenhum cobre, é atacado por fungos, mas ele necessita também de boro e manganês para ficar com saúde. Assim oídio, helmintosporiose e ferrugem são o sinal de que está faltando alguma coisa na nutrição da cultura.

Muitas vezes, as plantas mostram sinais típicos na carência de um nutriente, mas pode ser também que a carência não seja tão forte para que apareçam sinais, porém as colheitas já são reduzidas. Foi o que aconteceu na Estação Experimental de trigo em Ems – Holanda. Não acreditavam que trigo precisasse de cobre. Nunca mostrou sinal de carência deste nutriente. Sugeriu-se adubar o trigo com 2,5 kg/ha com sulfato de cobre somente para ver o que acontecia. A colheita dobrou!

No arroz, o excesso de nitrogênio predispõe as plantas ao brusone. Com cobre e zinco se evita isso.

Cobre é um redutor de crescimento e impede a formação de células muito grandes e aguadas, que sempre ocorrem após bastante nitrogênio. Alguns acreditam que isso seria somente efeito do nitrogênio químico. Não é; o nitrogênio orgânico provoca efeito idêntico e culturas em terras muito ricas sofrem as consequências. Por isso, o milho se chama de "roça". Nenhum agricultor diria que plantou milho. Diz que plantou roça. Isso porque o milho era a única cultura que conseguia crescer sem problemas em terras recém-desmatadas e roçadas, aguentando o excesso de nitrogênio ali existente.

Micronutrientes e suas enzimas não se pode deixar para amanhã. Desde que se usa NPK, muitos dizem que ele faz mal para as culturas. São muito mais doentes e não têm mais gosto. Quem se lembra do cafezinho de há 30 anos, pode comprovar. Nesta época o cafezinho tinha um aroma tão forte que se sentia na rua se alguém tinha feito café. Atualmente nem na cozinha sente-se o aroma do café. E na feira achavam-se bancas que vendiam abacaxi pelo cheiro gostoso. Isso tudo não existe mais.

O problema não é a adubação química, mas os desequilíbrios nutricionais. Milho produzido com micronutrientes é roubado por cavalos de haras, enquanto o milho somente com NPK tem de ser misturado com aveia e cenouras para que o aceitem. Arroz tratado com micronutrientes tem maior rendimento na máquina, os grãos não quebram. E todos os grãos são mais ricos em proteínas e têm colheitas maiores. O que melhora não é somente o valor nutritivo e o gosto; aumenta igualmente a produção porque o metabolismo funciona rápido e melhor.

As quantidades usadas são pequenas. Manganês usa-se 8 a 15 kg/ha em forma de sulfato, cloreto ou óxido. Zinco, 5 a 7 nas mesmas formas. Cobre 2,5 a 6 kg/ha em forma de sulfato ou óxido; boro 3 a 8 como bórax ou ácido bórico; molibdênio 0,250 a 0,500 kg/ha como molibdato de sódio, de amônio ou de óxido; cobalto somente 0,125 g/ha como cloreto ou óxido e assim por diante. São quantidades muito pequenas.

Atualmente já se oferecem adubos granulados com micronutrientes, especialmente com boro, zinco e cobre. No termofosfato se pode comprar a fórmula com zinco e boro. Mas tem também micronutrientes silicatados, pouco solúveis, onde a dosagem é mais fácil e que se compram em fórmulas de cinco elementos como no FTE. Existe adubo para enriquecimento da semente com molibdênio e cobalto; há vários tipos de adubo foliar com micronutrientes e não por último existe a coleção completa de 35 micronutrientes na forma de Skrill, de origem marinha. Também os pós de rocha (basáltica, de ardósia, de biotita de xisto, de siltito glauconítico e outros) podem ser considerados excelentes fontes e potássio e de micronutrientes.

Fique sabendo: quanto maior a quantidade de macronutrientes (NPK) que aplica no seu campo, tanto maior a necessidade de micronutrientes para que aquelas reajam satisfatoriamente.

Às vezes, o efeito dos micronutrientes depende do enriquecimento da semente com eles, uma vez que a semente faz seu programa de utilização de elementos nutritivos no momento em que inicia a germinação (não adianta colocar junto com o adubo do lado e abaixo da semente; tem que colocar na semente: polvilhando, pulverizando, peletizando ou deixando de molho em solução nutritiva por algum tempo). O que tiver à disposição é incluído na programação. O que não estiver presente não é considerado. Por isso, as plantas podem absorver os micros, mas não conseguem utilizá-los. Continuam mostrando sua carência enquanto os tem absorvido em quantidade suficiente. Faltou a programação para poder utilizá-los. Somente sua descendência (as sementes) poderá tirar proveito disso.

A TERRA E SEU TRATO

Os problemas da terra e seu combate sintomático

Existem tantos problemas de modo que o trato da terra parece algo enigmático. Existem a erosão, as enchentes, as crostas e as lajes ou "pans" duros (as camadas adensadas) na terra, há a pobreza mineral, a invasão de plantas indesejadas cada vez mais persistentes, há o ataque cada vez maior de pragas e doenças, aparecendo cada vez novas pragas, novas doenças e novos problemas. Parece um enxame de marimbondos que desabou sobre nós enquanto nos debatemos desesperadamente.

E como custa caro. Bilhões são gastos na construção de terraços, patamares, microbacias e murunduns para controlar a erosão. Bilhões se despendem na construção de barragens para controlar enchentes e ter água para a irrigação, embora o problema da salinização pela irrigação ainda não tenha sido solucionado.

Bilhões se gastam em herbicidas e agrotóxicos para defender nossas lavouras de ervas daninhas e de doenças e pragas e, mesmo assim, assistimos ao aumento vertiginoso dos parasitas. Sempre novas máquinas são desenvolvidas para "vencer" as compactações para depois descobrir que as piores compactadoras são as próprias máquinas. Bilhões se gastam na importação de adubos para presenciar a diminuição de sua eficiência ano após ano, precisando cada vez mais para produzir menos.

Quanto se gasta na pesquisa genética e biotecnologia com variedades cada vez mais estranhas aos campos onde serão plantadas, embora os campos tenham seus germoplasmas adaptados estocados e sua renovação ameaçada. Descobrem-se sempre novas substâncias no controle de insetos, como os feromônios. É a luta contra a natureza, tentando controlá-la e dominá-la. Mas luta por quê?

Quem a provocou? Alguém deve ter iniciado. Quem destruiu os equilíbrios? Dizem que tínhamos que destruir equilíbrios para poder cultivar as terras e tirar nosso sustento.

Não há dúvida de que necessitamos da agricultura, que temos de produzir colheitas, retirá-las dos campos e levá-las para as cidades onde serão consumidas. Mas quem é que diz que temos de destruir todos os equilíbrios? Quem diz que não é possível manter as bases fundamentais, de estruturas e de funções, como os serviços ecossistêmicos?

A natureza – da qual também somos parte – é tão simples, tão pouco complicada. Quem complicou tudo foram os homens.

Do átomo até as constelações das estrelas e sistemas solares valem as mesmas leis. Bactérias unicelulares até o homem seguem as mesmas regras no seu metabolismo. Diferente é somente o código genético, o projeto, que cria esta incrível variação de formas e existências. A formação de substâncias orgânicas é idêntica para todos.

Equilíbrios dinâmicos estabelecidos controlam tudo e garantem os mesmos direitos para insetos minúsculos e elefantes, peixes e aves, micróbios e homens.

E para a terra tropical continuar produzindo exuberantemente mesmo sob cultivo, existem somente seis fatores fundamentais que devem ser observados e que cada um pode redescobrir observando um ecossistema nativo. O que atrapalhou a convivência com a natureza foi a palavra bíblica onde Deus disse ao homem: "Enchei a terra e dominai sobre ela!" Mas é de duvidar que este "dominai" significa quebrar todas as leis e destruir todos os equilíbrios e criar o caos. Dominar pode ser dentro das leis, manejando. E dominar pode ser fora das leis, destruindo. Como a destruição nos jogou numa luta sem fim e sem esperança de vitória, é mais do que lógico que tentaremos manejar a terra dentro das leis da natureza.

Os fatores que fazem a terra produzir

O que nos permite aumentar consideravelmente as colheitas é:
1. formar uma camada porosa, estável à água, na superfície da terra;
2. proteger esta camada porosa e grumosa contra o sol e o impacto das chuvas;

3. diversificar a vida da terra o máximo possível;
4. restabelecer o equilíbrio entre os macro e micronutrientes;
5. proteger as lavouras contra a incidência de brisa e vento permanente;
6. controlar e programar cuidadosamente as passagens das máquinas sobre os campos.

A formação da camada porosa na superfície da terra

Uma esponja que deve absorver água não pode ser enterrada, tem de ser colocada na superfície onde a água cai. Poros precisa-se para quê? Para a entrada de ar e água. Poros grandes ou macroporos são o sinônimo de ar na terra, e ar é equivalente a um metabolismo ativo.

Mas como os macroporos são também aqueles em que se infiltra a água da chuva não deixando escorrer a água, esses poros equivalem ao combate mais eficiente da erosão. E se não há erosão não há enchentes. Alguém já viu uma enchente com água cristalina? Não existe. Enchente é sempre de água lamacenta, água de erosão. E depois da erosão vem a seca. A água não entrou na terra, somente escorreu. Dizem que é quantidade demais de água, por isso não entra na terra. Mas, na Empresa Brasileira de Pesquisa Agropecuária (Embrapa) de Passo Fundo (RS), verificaram que em terra porosa e bem protegida se infiltram até 400 mm de água por hora. E chuva tão forte não existe. Mas em terra agrícola maltratada somente se infiltram 4 mm/hora e lá até chuvisco já é forte demais.

Os poros se formam pelo agrupamento das partículas da terra. Terra muito pobre não se agrupa pela força eletroquímica. Para isso, precisa alumínio, ferro, cálcio e magnésio. Nossas legítimas terras roxas têm por base o agrupamento ou agregação por ferro e alumínio. Em terra "branca" tem de ser por cálcio. Depois vem o trabalho dos micro-organismos, que formam agregados maiores, mais ou menos ½ mm de tamanho, que são estáveis à água. Postos numa peneira de ½ mm e submergindo-a de um golpe numa bacia, a terra tem de ficar agregada, ou seja, não desmanchar e dispersar. Este tipo de estrutura da terra se chama bioestrutura. "Bio" porque não existiria sem a ajuda da vida. E como a vida é importante para a formação dos poros, ela tem de ser bem tratada e alimentada. E o alimento da vida é matéria orgânica.

O retorno periódico de material orgânico

Como a bioestrutura não é permanente, mas passageira como tudo na natureza, sua renovação é obrigatória e com isso o retorno da matéria orgânica. O mais importante é que seja aplicada à superfície da terra. Não adianta nada enterrá-la porque enterrada não forma poros, nem em cima nem em baixo. E onde se precisa dos macroporos é na superfície.

Não é econômico trazer palha de fora. Mas é indispensável produzir a maior quantidade possível de palha durante o cultivo. E esta palha tem de retornar à terra.

No sul, existem picadores de palha acoplados nas colheitadeiras. Quando se colhe arroz, soja ou trigo, ela corta, trilha e pica ao mesmo tempo. A palha picada na superfície da terra a protege e, por exemplo, o plantio de soja após o trigo não depende de uma chuva. Pode ser feito direto. A queimada da palha para facilitar a passagem das máquinas é uma técnica infeliz. A palha tem de voltar à superfície do solo. E quando a lei obriga a queimada tem de se plantar alguma cultura em seguida que forneça palha. Assim, ao algodão deve seguir o milho, e se puder, consorciado com mucuna ou feijão-de-porco para deixar muita fitomassa.

Culturas anãs

As culturas anãs, tão em voga no clima seco e quente do México, não servem para nosso clima. Lá, a decomposição da matéria orgânica é muito lenta. Entre nós, é rápida demais. Nós precisamos do máximo de palha para nutrir bem a vida de nossa terra.

Defende-se estes cultivos dizendo que o adubo, em sua maior parte, vai parar na espiga ou no cacho e muito pouco é necessitado para a formação de palha. Mas não terá nem grão nem palha se a terra ficar fraca e não conseguir respirar.

Apareceu um especialista querendo difundir entre os agricultores o milho anão. Descrevia todas as vantagens e falava muito bem. E os agricultores escutando. Quando terminou, um agricultor levantou e perguntou: "Doutor, é muito bonito seu milho anão. Mas vocês já descobriram o mato anão para não tomar conta do milho?" A risada foi geral e o perigo de matar a vida da terra por fome passou.

Palha: o remédio milagroso para a terra

Como vencer a palha

Os cultivos consorciados estão aumentando somente para produzir mais palha. São usados milho com mucuna preta, arroz com calopogônio, aveia com ervilhaca. Às vezes para produzir semente, outras somente para aumentar a massa orgânica que voltará à terra.

O pequeno agricultor se assusta de tanta palha. Como vencer todo este "cisco"?

Com um rolo-faca. Pega-se uma tora de mais ou menos 45 cm de diâmetro e corta-se com uma serra circular riscos de 2 cm de profundidade com mais ou menos 21 cm de distância onde se colocam molas velhas de caminhão, bem afiadas e que se seguram nas extremidades com um anel de ferro. Colocam-se uns pinos grossos como eixo (um em cada lado). O modelo completo pode ser pedido pela Embrapa de Ponta Grossa. Com este rolo-faca, corta-se a palha que depois não impedirá a aração com tração animal. Claro que fica um campo "sujo" com palha para fora e palha para dentro. Mas é assim mesmo. A palha não impede o plantio imediato do campo, não prejudica a germinação das sementes nem as plantas recém-nascidas. E se a palha ainda for adubada com escória ou termofosfato, há fixação de nitrogênio.

Após uma cultura com pouco retorno de palha como no feijão, amendoim ou algodão, por causa da queima da palha, sempre deve se seguir uma cultura que produza muita palha, como milho com mucuna. E se a cultura for esgotante, como de arroz, deve se seguir uma adubação verde de guandu, mucuna ou semelhante.

Fome da terra é fome do agricultor

As vacas têm de comer, as galinhas precisam de comida, os porcos têm de ser tratados e as bactérias e pequenos animais da terra, também.

A alimentação que os "bichinhos" da terra recebem fazem a terra produzir. Evita também que saiam como parasitas atacando as culturas.

Se as vacas passam fome, deve-se dar a resteva para elas? Parece solução boa. Está sobrando palha. Mas é solução péssima, porque a palha não está sobrando. Agora, quem vai passar fome são os "bichinhos" da terra. E com fome a terra não produz bem. E o agricultor perde muito mais do que comprando um suplemento para o gado.

Consorciação de culturas

Mas não somente os cultivos anuais necessitam a renovação periódica de sua camada porosa. Também os cultivos perenes como café, laranja, cana-de-açúcar, seringueira, dendê, pimenta-do-reino e outros necessitam ar para seu metabolismo e portanto de macroporos na terra. Mas como não é possível economicamente trazer a palha de fora, tem de ser produzida no lugar mesmo. Assim plantam-se nas entrelinhas leguminosas como puerária, centrosema, feijão-de-porco, crotalária, mucuna-anã e outros. Somente as leguminosas trepadeiras como puerária e em menor escala de centrosema e lab-lab tem-se de controlar bem para que não enrosquem nos pés.

Também pode-se usar simplesmente capim-gordura ou catingueiro, assim a consorciação de café com lab-lab, feijão-de-porco ou mucuna-anã é vantajosa; de pereiras com tremoço; de dendê com estilosantes; de laranjeiras com feijão-de-porco ou puerária; da cana--de-açúcar com crotalária ou feijão fradinho. Este último especialmente em planta nova, que é protegida pelo feijão contra a seca e que, portanto, desenvolve muito melhor.

Nas parreiras se diz que tremoço equivale a uma boa adubação com esterco de gado; na pimenta pode-se implantar de vez em quando uma fileira de leucena, podar os galhos e usá-los como cobertura morta.

Em regiões com terras de areia grossa, como do norte do Espírito Santo até o Rio Grande do Norte, a consorciação já não é mais possível. Lá se usa a implantação de plantas "que refrescam" com sua sombra ou sua palha, como bananeiras ou mamoeiros. Também pode-se usar a palha de milho de campos vizinhos, ou seja, a palha das espigas que sobram quando se bate com máquina pequena. Tudo vale. O importante é não deixar a terra sem proteção e retornar a palha ao solo.

No cacau, onde o retorno de palha é grande, o problema é a diversificação. Sempre recebendo palha de uma cultura, cria-se pragas e doenças. Se implantam eritrinas e de vez em quando uma fileira de bananeiras para fornecer palha diferente. Também seringueiras beneficiam a saúde do cacauzal. O orgulho do cacauicultor de ver folhas gigantes nos cacaueiros deveria ser mais razão de preocupação do que de alegria, porque não é sinal de bem nutrido, mas o sinal da falta de cobre com excesso de nitrogênio. Pode ser que nem se adubou com nitrogênio, mas o excesso é relativo. Quer dizer que, se tem muito pouco cobre, também pouco nitrogênio pode ser demais. E que as doenças fúngicas aumentam violentamente com a falta de cobre, não tem dúvida. Portanto, não é trato muito bom, dispensando qualquer outro trato do cacauzal. A diversificação da matéria orgânica e a adubação correta, incluindo os micronutrientes deficientes, é tão importante quanto os cuidados com o retorno da palha.

Em pastagens, o fogo tem de ser abandonado definitivamente. No momento uma roçada é mais cara, a médio e longo prazos é infinitamente mais barata. Usa-se a roçadeira ou o rolo-faca, conforme o porte do capim. Se o capim roçado ou cortado (colonião, Napier etc.) não se decompõe, o que está faltando é fósforo e cálcio. Com 300 a 400 kg/ha de escória, fosfato natural ou termofosfato se provoca a decomposição do capim e o melhoramento muito acentuado do pasto, porque com fosfato se provoca o aparecimento de leguminosas que por sua vez fornecem nitrogênio.

O sistema dos cafeicultores de darem a terra nas entrelinhas para quem cuidar do cafezal não é um método muito recomendável. Plantam feijão ou arroz no meio, e esgotam a terra. Mas é melhor do que nada ou do que aplicar simplesmente algum herbicida.

Na formação de laranjais, usa-se plantar até algodão e cana-de--açúcar nas entrelinhas, isto é, cultivos altamente esgotantes. Mas mesmo assim é melhor do que terra mantida no limpo.

Em cultivos de alta rotatividade como são os hortigranjeiros, a manutenção da camada porosa, que aqui parece quase ainda mais necessária do que nas lavouras, geralmente se faz com composto.

Composto

No composto não se aplica mais palha bruta, mas palha humificada, geralmente enriquecida por esterco e fosfato natural.

O material que se pode usar para a compostagem é o mais diverso, varia de palha, capim cortado, folhas juntadas, bagaço e bagacinho de cana, serragem, maravalha, lixo orgânico, invasoras capinadas até leivas de capim retiradas nos terrenos de construção.

Existem duas maneiras de compostar:

1. o composto de pilha ou montículo;
2. o composto de área.

Composto de pilha

A compostagem é um método antigo. Observou-se que o lixo orgânico da casa ou as ervas indesejadas que se arrancavam da horta e que se jogavam num canto, num montículo, se transformavam, fornecendo terra preta de grande fertilidade. Se juntavam as folhas caídas das árvores, esterco de animais domésticos, lixo orgânico, capim cortado e seco, e tudo que era orgânico, se podia reutilizar isso para os canteiros de hortaliças.

Observação parecida foi feita pelos donos de tambos (estábulo onde se ordenha vacas). O esterco e as camas do gado que eram jogadas num monte atrás do estábulo se transformaram em um produto friável, marrom, de alto valor fertilizante. Então, veio a ideia de capricharem um pouco mais.

Atualmente não se faz mais tanques de concreto rebaixados e abrigos, revirando seu conteúdo duas a três vezes. Hoje se acredita que a própria natureza sabe o método mais acertado e as composteiras têm o formato de uma minhoca: baixas, redondas e compridas. A base é mais ou menos de 2 metros de largura e nela se assenta o material orgânico, na maneira a ser explicada adiante, até 1 metro de altura, de formato arredondado.

Maneira de se fazer uma composteira

Se puder, amontoe um pouco de terra no meio do terreno para que a parte central da composteira fique pouco mais elevada que os lados de fora. Nunca pode ser feita num terreno em que empoça água, o lugar tem de ser enxuto. Em seguida, se colocam 20 cm de palha, folhas secas, bagaço, maravalha ou o que tiver e se polvilhe com farinha de osso ou, no mínimo, fosfato natural e farinha de sangue. Também pode-se usar, em lugar de farinha de sangue, o esterco de galinha, de coelho, de porco ou de gado, mais ou menos 3 a 5 cm cobrindo tudo com uma camada de terra argilosa ou, se quiser, uma camada de 2 cm de vermiculita. Depois outra camada de matéria orgânica, repetindo todo o processo, diminuindo as camadas um pouco em largura para conseguir uma forma arredondada. Quando alcançar de 1 a 1,20 m de altura cobre-se tudo com uma camada de 10 cm de capim seco ou folhas de palmeiras para manter o composto fresco e suficientemente úmido. Em épocas chuvosas deve ser coberto por uma lona.

Quando o composto estiver seco demais ele aquece e em seguida embolora; quando estiver úmido demais, passa por uma fermentação anaeróbia, começando a cheirar desagradavelmente. Por isso, tem de ser feito em terreno onde não empoça água, não deve receber chuva demais, mas também não pode secar muito. Na forma arredondada, a água da chuva escorre, não molhando demasiadamente o composto.

É interessante virar o composto uma vez para arejá-lo. Um arejamento frequente não se aconselha porque quanto mais arejado, mais matéria orgânica se decompõe totalmente, resultando em perda de quantidade. Em oito a dez semanas, o composto está pronto. Quando a época do ano for de frio, demora de 12 a 15 semanas.

As composteiras são postas pouco a pouco na medida em que se dispõe de material. Quer dizer, a "minhoca" alonga-se pouco a pouco na medida em que se juntam novas pilhas (enfileiradas). Sempre deve ser terminada a pilha em formação na altura indicada, já o parcelamento pode ser feito no comprimento.

Durante a formação de composto, assentam-se minhocas. Quando o composto está "maduro", as minhocas migram ou para a terra abaixo ou para a pilha ao lado ainda imatura.

Quando se pretende usar esterco de frango de corte, este deve ser aquecido durante dez dias até 80 °C para matar e degradar todos os germes e antibióticos, hormônios etc. que ali se encontram. Formam-se montes de até 1,50 a 2 m de altura e cobre-se com lona preta. Somente estará bom quando perder seu cheiro fétido.

O composto pronto deve ter um cheiro fresco e agradável. Se cheirar mal é porque está úmido demais.

Em tambos de leite (local de ordenha) curte-se o estrume do gado junto com a cama. Este é empilhado em blocos quadriculares em camadas de 40 cm de espessura, deixando aquecê-lo durante quatro ou cinco dias. Estas pilhas podem alcançar até 3 m de altura. Pronto, deve ter cheiro agradável e ser de cor marrom e friável. Assim é usado em horta, campo agrícola e pastagens. Importante neste esterco curtido é que deve ser uma parte de esterco por quatro partes de palha, maravalha ou serragem. É a matéria orgânica que dá o calor à terra.

É aconselhável polvilhar, por cima de cada camada, calcário ou fosfato natural.

A ideia de que o composto seria alimento completo para as plantas é errônea. Especialmente para hortaliças, sempre é pobre porque não são plantas criadas para nossas terras, mas criadas nos Estados Unidos ou na Holanda, em condições completamente diferentes, geralmente em terras pesadamente adubadas. Por isso, está faltando muita coisa para satisfazer estas plantas exóticas e "caprichosas". Normalmente falta fósforo e boro e sempre falta cobre.

O mesmo ocorre com as culturas como milho, trigo, soja etc. Criam-se em algum lugar do Brasil em terras muito adubadas, de modo que são praticamente exóticas, e agora as terras têm de ser adaptadas às culturas. Portanto, o composto e mesmo o esterco curtido é pobre para estas culturas, especialmente em fósforo, boro e cobre.

Vale a regra de que se precisa, para cada 100 m^2 de horta, 2 a 3 m de "minhocão", ou seja, de composteira feita em forma de minhoca. O composto não pode ser enterrado mas deve ficar preferencialmente na superfície. Planta-se a hortaliça e cobre-se a superfície da terra com o composto. O sistema de por o composto na cova é antiquado e não se usa mais. Mistura-se só levemente com a terra (na camada superficial de 5 cm) para não perder o nitrogênio.

Como o problema é a conservação da superfície porosa, se desenvolveu na prática outro sistema usando uma mistura de composto-cobertura morta. Pega-se seis partes de bagaço de cana já repousado e frio e quatro partes de esterco de gado, mistura-se e coloca-se imediatamente numa camada de mais ou menos 5 cm nos canteiros replantados. Esta camada conserva a umidade, diminui as regas e dispensa o combate de invasoras. Após a colheita das hortaliças se passa a enxada, incorporando o material superficialmente à terra e pode-se plantar semanas mais tarde.

Como usar composto

Vão dizer que esta explicação é perda de tempo, porque todos sabem que o composto tem de ser enterrado. Mas justamente isso não é certo. Isso foi o resultado de uma especulação, mas não foi copiado da natureza. E como ninguém pode negar que a natureza produz exuberantemente onde o homem não entrou ainda com sua tecnologia, deve-se acreditar que ela esteja certa. Isso provam também as experiências dos últimos 12 anos. Composto não é "adubo orgânico", mas primordialmente alimento dos micro-organismos.

O composto pode se colocar de duas maneiras:

1. como cobertura: neste processo, necessita-se somente metade do que se teria usado para enterrar ou pôr na cova. Na horta, a época certa é após a emergência das plantas ou para o replante. Nas árvores frutíferas, coloca-se o composto ao redor, sendo a área adubada um pouco maior do que até a projeção da copa. Assim toda terra "coroada" se torna permeável;

2. o composto é secado até não aderir mais um grumo ao outro, peneirado e misturado com a semente na base de 60 a 100 kg/ha, ou seja, 150 a 250 kg/alq. Este método tem a vantagem de que as sementes germinam mais rápido, as raízes são mais fortes e maiores e trigo, arroz, aveia e outros cereais de grão miúdo perfilham mais, sendo a maturação mais precoce e uniforme. Os grãos se conservam melhor.

Existe mais um método de uso de compostagem. Isso em terrenos de construção. Retira-se a leiva da grama em mais ou menos 3 cm de espessura, e forma-se com ela "minhocões", usando entre cada duas camadas o polvilhamento com calcário ou farinha de ossos. Formando o minhocão, se cobre com feno ou capim seco. Quando estiver compostado, dá para plantar diretamente verduras nesta "composteira" que rendem otimamente e tem gosto excelente.

Em regiões secas, desenvolveu-se uma compostagem diferente. Plantou-se primeiro uma mistura de uma leguminosa volúvel como centrosema (pubescens) e adubou-se com fosfato natural. Durante as chuvas, estas leguminosas se desenvolvem muito bem cobrindo o terreno com uma capa verde de mais de 2 m de altura. Em seguida, são feitas as valetas rasas de 1 m de largura, corta-se as leguminosas em 30 cm de altura e as deixa rebrotar. A massa verde se junta nestas valetas. Segue-se um segundo corte e junta-se normalmente a massa mais ou menos seca e cobre-se com uma camada de 6 a 8 cm de terra. Após algumas semanas, é possível plantar esta valeta com verduras, batatinhas, tomates etc.

Com este sistema de matéria orgânica em valetas de compostagem, plantadas diretamente, é possível cultivar terras secas em clima seco. Nos intervalos sempre se cultiva o material orgânico. No ano seguinte, se faz outra valeta entre as existentes e assim se segue, sempre produzindo composto.

Compostagem de estrume e chorume juntos

Cavam-se tanques, conforme a quantidade de estrume que se terá à disposição ao lavar o tambó (local de ordenha) com bastante água, estrume e chorume nestes tanques. Coloca-se uma hélice para misturar este composto duas vezes por dia. Em três a quatro semanas, têm-se um composto líquido rico para pastagens e campos.

Resíduo do biodigestor

O resíduo do biodigestor é um composto produzido por fermentação anaeróbia, mas é populado imediatamente por micróbios aeróbios quando entrar em contato com o ar. Seu maior uso é na irrigação de hortaliças, que crescem extremamente robustas e sadias, produzindo muito melhor. Para uso, misturar 1:1 com água (uma parte do resíduo para a mesma quantidade de água).

Compostagem de área

O composto de pilha é trabalhoso e para áreas maiores, impossível. Também contribui muito para a compactação da terra, porque se passa com trator e carreta para recolher a matéria orgânica e depois tem de ser distribuída novamente como composto. Normalmente os danos que a pressão do maquinário faz são maiores que os benefícios do composto.

Por isso se deve passar para a compostagem de área, ou seja, a palha fica no campo e recebe somente uma adubação se for necessário, especialmente com escória ou termofosfato. Esta palha como cobertura morta ou levemente misturada com a superfície da terra fixa nitrogênio, recupera os macroporos e contribui para o menor aquecimento da terra. Este método é bem mais barato do que o outro, mais prático e com a mesma eficiência. A palha é decomposta no lugar onde foi produzida. Com este método, recuperaram-se as grandes áreas de terra na Índia e mais de 12 milhões de hectares na Argentina onde a terra já estava salinizada. Mesmo na Europa, que é muito adepta ao composto em pilha, se usa atualmente o composto de área por falta de mão de obra disponível.

Este tipo de compostagem é também responsável pelo sucesso dos cultivos consorciados onde se pretende simplesmente produzir mais palha para a área onde foi plantada.

Palha misturada à superfície de terra não impede o plantio imediato (direto). A única dificuldade é que o agricultor deve se acostumar a ver sua terra "suja" com palha por dentro e por fora, irregular e de maneira alguma com aspecto "hortado". Também o tratorista deve se acostumar a arar raso e deixar a terra "suja". Por experiência, isso leva de 3 a 4 anos, especialmente porque também as outras "lidas" com a terra têm de ser modificadas.

As semeadeiras costumeiras não conseguem plantar aqui, porque embucham. Têm de trabalhar somente com disco recortado em frente e disco duplo atrás. Também a costumeira nivelação pela grade não é mais necessária, o que diminui a erosão quase a zero.

A proteção da camada porosa

A camada protetora da terra é estável à água durante as primeiras 12 semanas após sua formação. Em seguida, com a morte dos filamentos ou hifas dos fungos, pode ser destruída pela chuva. Para garantir à cultura um arejamento bom até a colheita, esta camada tem de ser protegida. Com a colheita, nova palhada estará à disposição para renovação dos poros.

Todas as culturas têm sua produção comprometida se não houver proteção desta camada superficial. De outra maneira não se poderia compreender que o milho, cultura tipicamente sul-americana, tem uma média entre nós de 2,3 t/ha, ou seja, 80 sacos por alqueire, enquanto na Europa, onde foi pacientemente adaptado pela genética, tem uma média de 8 t/ha alcançando até 18 t/ha em algumas regiões. No Brasil, o máximo é de 9 t/ha, ou seja, 215 sacos por alqueire. A culpa é o maltrato da terra.

Nos trópicos, a terra nunca deve ficar exposta à chuva e ao sol. Se foi arada, tem de ser plantada imediatamente. Quanto menor o espaço entre a aração e o plantio, tanto mais é favorável. Para culturas na região equatorial convém plantar uma cultura protetora.

Cultura protetora

A cultura protetora se planta imediatamente após a aração. Ela deve ser preferencialmente uma leguminosa não volúvel, quer dizer que não faz baraços (caules de desenvolvimento indeterminado), ser da região e com crescimento rápido cobrindo a terra em poucos dias. Até crotalária nativa pode ser usada. O problema é que atualmente não existe mais muita semente para escolha e a produção de semente é o primeiro passo. Nisso também se descobre se as plantas escolhidas são adequadas para a região e as terras. Planta que não se desenvolve rapidamente não serve, mesmo sendo muito recomendada (em geral essas plantas são exigentes em fósforo e cálcio, e precisam desses nutrientes em solos marginais, muito pobres). Nesta seleção de "protetoras" adequadas, deve-se cuidar para que beneficiem a cultura econômica pretendida, que não sejam hospedeiras de doenças desta e que não concorram com outras culturas desta rotação.

Sobre a cultura protetora, se implanta a cultura, como milho em mucuna-anã ou crotalária, abacaxi em crotalária etc. Cultivos perenes podem ser implantados em estilosantes, caupi, centrosema ou o que tiver um crescimento rápido, "fechando" a terra para protegê-la.

Em cultivos perenes já plantados, o uso de leguminosas como proteção da terra é indispensável. Assim, a terra em lugar de ser capinada e compactada pela chuva, se mantém fresca. Planta-se uma leguminosa nas entrelinhas e se mantém somente a rua plantada capinada, cobrindo-a com massa verde cortada nas entrelinhas. Aqui depende da mão de obra disponível, porque até kudzu tropical e mucuna pode ser utilizado quando for possível controlar os baraços ou caules de crescimento indeterminado.

Na região equatorial, mesmo leguminosas arbustivas são aconselhadas uma vez que alguma sombra não prejudica a cultura, ao contrário, ajuda. Assim guandu, tephrosia e crotalária semeadas em linhas espaçadas de 3 a 4 metros podem ajudar a cultura. Guandu é especialmente aconselhado em terras que já formaram uma laje dura no subsolo ou subsuperfície. No segundo ano, ele rompe a laje. No primeiro ano, pode formar raízes de até a grossura de um braço, mas não passa pela laje adensada, de modo que neste caso o guandu deve ficar mais tempo no campo ou plantação. Também como quebra-vento é excelente.

Espaçamento menor

A proteção da terra também se faz pelo espaçamento menor da própria cultura. Isso tanto em cultivos anuais quanto perenes e em hortaliças. Desde que a ambição ou meta não seja mais a maior espiga, a maior cenoura, o maior capulho de algodão ou até o maior boi gordo, mas a contagem de quilogramas por hectare, o que é mais importante.

No espaçamento menor, se aproxima ao máximo possível as fileiras plantadas. Existem limites inferiores que não se pode ultrapassar.

Alguns espaçamentos favoráveis

Cultura	Espaçamento entre as linhas (cm)	Espaçamento na linha (cm)
Algodão	60	5
Cacau	200	150
Café	200	128
Cana-de-açúcar	100	–
Cenoura	10	5
Milho	70	20

Em todos os casos, sobe a colheita consideravelmente, por um lado, por causa da população vegetal maior e, por outro, por causa da proteção da superfície da terra.

No cacau, o plantio na metade do espaçamento beneficia a plantação nova que supera secas onde os outros cacauzais são gravemente afetados. Com a idade e o tamanho das árvores, as mais fracas desaparecem, ficando finalmente o espaçamento normal.

No café, em espaçamento menor deve haver poda, que obedece um ciclo de três anos. No primeiro ano, poda-se cada terceira linha; no segundo ano, cada segunda linha; e no terceiro ano, cada primeira linha de modo que cafeeiros parecem formar uma "escadinha".

A poda parece ser benéfica, porque o que carrega são especialmente os galhos do ano. De modo que, cortando um galho velho, que somente pesa na nutrição do pé, fortalece-os.

Existem limites mínimos de espaçamento, porque com a maior população em plantas diminui o tamanho das espigas, dos cachos, dos capulhos e das raízes. Algumas culturas como a soja não suportam o espaçamento menor, porque o autossombreamento é grande. Aí jogam as flores e formam poucas vagens.

Na cana-de-açúcar, a diminuição do espaçamento de 1,5 m para 1 m entre as linhas aumentou as colheitas.

Mas o que muda com o menor espaçamento é a adubação. Uma adubação correta que garanta o desenvolvimento rápido das plantas contribui para a proteção da terra. A cultura "fecha" mais cedo. Parece lógico que, com maior número de plantas, deve haver maior quantidade de adubo, o que é correto quanto ao potássio e ao fósforo. Mas para nitrogênio e cálcio isso não vale. A planta, quando na sombra (e o autossombreamento é sombra) absorve e precisa de menos nitrogênio e de menos cálcio. De modo que, em terras com fertilidade regular, estes dois nutrientes não precisam ser aumentados. Portanto, a fórmula granulada que se usou, por exemplo, para milho plantado em linhas com 90 cm de distância não pode ser usado para milho plantado com 70 cm de distância. O nitrogênio seria excessivo e o milho acamará.

Culturas consorciadas

Outro método para cobrir a terra para protegê-la é a consorciação de culturas. Esta pode visar colher dois ou mais cultivos da mesma área como, antigamente, a consorciação milho – abóbora – feijão ou milho – soja, por exemplo, mas pode-se pretender simplesmente produzir mais palha (resíduos vegetais).

Antigamente as consorciações eram comuns. Arroz-de-sequeiro com feijão, mandioca com melancias etc. era costume. Atualmente tende-se mais para consorciações que conservem e recuperem as terras.

Em propriedades pequenas existem outras possibilidades que, nas grandes dependem da colheita mecanizada. Podendo-se colher manualmente, mucuna ou siratro ou lab-lab podem ser implantados no milho. Para a colheita mecânica, somente feijão-de-porco é possível porque não se enrola nos pés. Mas em anos muito chuvosos e por isso mais escuros (pela nebulosidade), até soja e feijão-de-porco se tornam trepadeiras na procura de luz.

Implanta-se calopogônio no arroz, trevo no algodão, guandu nos bananais, ervilhaca na aveia etc.

A consorciação não somente protege melhor a terra, mantendo-a mais úmida e mais fresca, mas ao mesmo tempo quebra o efeito da monocultura.

Em terras puramente arenosas com mais de 80% de areia, a consorciação é impossível por causa da concorrência pela água. Aqui a proteção da terra somente pode ser feita pela cobertura morta.

Por isso, em canaviais, em lugar de queimar a palha, deve-se deixar toda a palha picada na superfície do solo. Dizem que gastam duas vezes mais com mão de obra do que em canaviais queimados (já existem possibilidades mecanizadas de manejar o canavial na palhada). Mas a conservação da terra é infinitamente melhor, pagando o maior custo da colheita pelas maiores colheitas seguintes.

De fato, palha de cana dificulta a rebrota de modo que o enleiramento deve ser feito em cada segunda linha, evitando jogar a palha sobre a cana. Também a adubação deve ser algo maior por causa da maior lixiviação dos nutrientes, sob cobertura morta. Mas não haverá mais uma queda de 140 t/ha para 20 t/ha do primeiro para o terceiro corte. Já que o que falta nessas terras é matéria orgânica.

Cobertura morta ou "Mulch"

Cobertura morta se chama o acolchoamento da terra com algum material seco na superfície, como: capim, palha, folhas, maravalha, serragem, casca de arroz, casca de café ou de cacau, bagaço e bagacinho de cana etc. com que se cobre a terra.

É vantajoso plantar a cobertura morta no lugar onde se pretende usá-la, deixando-a secar no lugar. Trazer o material de outro lugar sempre é mais caro, especialmente agora com os fretes muito elevados. Assim, até capim-gordura deixado crescer no meio de cafeeiros, quando cortado, serve de cobertura morta, embora braquiária brizanta possa ser melhor. Folhas e troncos das bananeiras cortados protegem a terra ao redor das bananeiras. A palha de trigo, arroz ou soja picados pelo picador de palha acoplado à colheitadeira cobre a terra perfeitamente e não dificulta o trabalho das máquinas.

O bagaço de cana deve estar frio quando for usado para cobrir a terra ao redor de cafeeiros, citros ou verduras. Também não deve encostar nos troncos de árvores (café e citros), porque quando umedecido pela chuva provoca o desenvolvimento de raízes até a base da cobertura.

Qualquer cobertura morta provoca um denso enraizamento da superfície da terra. As raízes sobem e isso tanto mais intensamente quanto mais pobre for a terra. Elas procuram por nutrientes na cobertura morta. Ali também é o lugar mais úmido, porque na decomposição de matéria orgânica se libera água.

Mesmo assim, as vantagens da cobertura morta ou "mulch" são muito grandes. A terra abaixo sempre mantém uma temperatura amena e as oscilações diurnas são tanto menores quanto mais espessa for a camada de cobertura morta. A evaporação de água da terra é muito menor, o arejamento da terra é garantido, as invasoras crescem muito menos e a erosão se torna nula a partir de uma cobertura de 3 cm. Usando bagaço ou serragem há dificuldade de molhar a terra, porque enquanto este material não for saturado com água, não passa água para a terra.

Quanto à erosão, há experiências que provam que num terreno com 15% de declividade e com cobertura morta, o escorrimento de água é muito menor do que num terreno de 1% de declividade sem cobertura, tratando-se de solo idêntico. Quando se usa cobertura com capim seco, este efeito de precisar se saturar com água não ocorre.

Porém, no cerrado, durante a seca, uma cobertura morta aumenta o perigo do fogo. Neste caso é preciso passar uma grade para incorporá-la levemente à superfície do solo. Neste caso, o fogo não tem mais facilidade de "correr".

Na horticultura, usam-se plásticos pretos para a cobertura. Mas não traz todos os benefícios de material orgânico. Especialmente o arejamento da terra fica deficiente.

Em moranguinhos com cobertura plástica, aparecem lesmas e ácaros que exigem o combate com agrotóxicos. Quando se usa casca de arroz no lugar de plástico, nem lesmas nem ácaros aparecem. As lesmas, porque não gostam de andar nesta superfície áspera; os ácaros, porque a palha de arroz reflete a luz e priva-os de seus esconderijos escuros.

No alho, que é cultura que gosta de frio, a cobertura morta mantém a terra fresca. Ensaios feitos pela Embrapa perto de Brasília mostram que, mesmo em terras secas, o alho ainda rende 7 t/ha quando com cobertura morta. Quer dizer, o alho precisa, quando irrigado, de mais refrigeração da terra do que seu umedecimento. Somente deve haver boro e cobre para garantir um bom enraizamento.

A cobertura morta em café pode aumentar a colheita em até seis vezes como prova um cafeicultor perto de Paranavaí (PR). A tecnologia agrícola que imperiosamente exige cobertura morta é o plantio direto.

Plantio direto

Nas regiões do Paraná, onde as terras são arenosas e em declives, a erosão era tal que quase impediu a continuação da agricultura. Então passou-se ao plantio direto, o chamado PD.

O PD não é somente a substituição do arado pelo herbicida, como alguns estão insinuando e outros acreditando. O PD é um pacote de técnicas que têm de ser usadas todas ou nenhuma. Não permite somente beliscar o que lhe agrada e deixar o resto fora, pois neste caso fracassa fragorosamente.

Também não é uma tecnologia para plantar terras estragadas e improdutivas nem para recuperar as terras. É a medida mais acertada para manter as terras em boas condições de produção!

Muitas vezes, quando uma terra não pode produzir mais por estar completamente compactada e anaeróbia, sem vida, sem macroporos e sem matéria orgânica, o agricultor recorre ao plantio direto para depois constatar que foi pior que o plantio convencional. Terra desgastada e dura tem de, primeiro, ser recuperada. E, para ser recuperada, precisa de muita matéria orgânica e nutrientes. Numa terra, por exemplo, onde nem mucuna se arriscou a nascer, somente com uma adubação leve com NPK 4:16:8, 150 kg/ha pôde-se provocar a germinação e o desenvolvimento da mucuna. Esta ficou ali por dois anos e recuperou o terreno completamente. E então o cultivo desta terra foi possível.

Somente matando o mato com herbicida dessecante não adianta. Neste caso, a aração é mais vantajosa. A erosão será violenta como em terra convencionalmente preparada. De passagem, seja dito que "convencional" já não significa mais duas arações e três gradeações. Geralmente se passa somente uma ou "meia" grade aradora o que poderia ter a vantagem de não enterrar mais a matéria orgânica. Mas geralmente esta é queimada para "hortar" o campo. E aí todas as vantagens desaparecem.

No PD é indispensável manter a terra coberta. No início, a camada de palha geralmente é tão fina que não consegue proteger a terra o suficiente e a compactação é grande. Neste caso, deve-se afrouxar a terra mediante um "pé de pato" ou outro subsolador. Este afrouxamento não precisa ser uma subsolagem. Se penetrar até 20 cm de profundidade é o suficiente.

Em PD mais antigo, onde a camada de palha já é espessa (aproximadamente 6 cm), o pessoal não quer usar o subsolador, apesar da compactação da terra, porque produz bem somente com a matéria orgânica. E cada movimentação da terra faz nascer novas invasoras, a partir do banco de sementes na terra.

A movimentação mínima é outro princípio. Quase não se enxergam os riscos de plantio. Não se trabalha mais com "bico" abrindo o sulco do plantio, mas somente com discos recortados e discos duplos que somente abrem um pouco a terra sem movimentá-la.

Enquanto não se fez a rotação de cultura, mas continuou com o sistema de monocultura, as pragas e doenças aumentaram violentamente com o PD. As excreções sempre das mesmas raízes e a palha da mesma cultura foram altamente seletivas. Também a necessidade de adubos químicos foi elevada graças à maior lixiviação e exploração unilateral da terra pela monocultura.

Quando se passou a usar a rotação de culturas, desapareceram pragas e doenças, a necessidade de adubação diminuiu, especialmente os níveis de fósforo subiram muito, as invasoras diminuíram até desaparecerem e as colheitas aumentaram. De erosão nem se escuta mais falar na região do PD.

Para o PD, a terra tem de ser rigorosamente aplainada para permitir um trabalho bom das máquinas grandes. As semeadeiras são grandes, pesadas e muito caras, de modo que somente possibilitam seu uso em propriedades grandes, acima de 150 ha (165 alq).

Diz-se que em minipropriedades onde todo serviço é manual, é possível. Mas opinamos que não. Enquanto uma pessoa consegue plantar facilmente meio hectare de terra em 5 horas com uma camada de palha de 4 cm, mesmo cortada com rolo-faca e com matracas com faca triangular e cortante na ponta, duas pessoas levaram dois dias. É muito difícil atravessar a camada de palha e chegar até a terra.

Também em pastagens, o PD pode ser usado. Especialmente em terra recém-roçada, é suficiente passar uma grade e aplicar 300 kg/ha (720 kg/alq) de fosfato natural e implantar forrageiras que já se encontravam em menor ou maior escala nesta terra. Assim, se tinha algum capim jaraguá, capim-gordura e estilosantes, serão estas as forrageiras que se deve plantar. Se usar uma forrageira exótica no lugar, como brizantão, a implantação direta será um fracasso completo.

Também em pastagens em uso a implantação direta é possível. Deixa-se pastar até que a vegetação fique baixa e depois se joga um coquetel de sementes de forrageiras. A que germinar e crescer melhor é própria à terra, a que não nascer, somente poderia ser mantida com muito custo em base de correção, adubação, mobilização da terra e com ajuda de herbicidas. Portanto, o que nascer é bom e o que não nascer é bom também, pois poupa despesas grandes e decepções.

Para o pequeno agricultor que não tem acesso ao PD, existe a alternativa do preparo mínimo da terra e a aração controlada.

No preparo mínimo, limita-se a movimentação da terra a 15 cm para manter a camada viva e porosa na superfície. Porém, não é somente o uso de uma grade-aradora que faz o preparo mínimo, assim como não é o herbicida que faz o PD. Também este é um pacote de técnicas que deve ser seguido para não desgastar a terra, em especial a proteção da superfície e a rotação de culturas. Simplesmente plantando soja com grade aradora, queimando a palha e nunca intercalando outra cultura, leva-se ao desgaste da terra e ao aparecimento de pragas como qualquer método convencional.

No plantio mínimo, deve-se tornar costume passar primeiro um fosfato natural, termofosfato ou escória básica, mais ou menos 400 kg/ ha (950 kg/alq) por cima da palha e depois passar uma grade quase fechada ou um rolo de faca. Após três semanas, a palha apodrece tanto que se torna quebradiça e se pode passar, em seguida, a grade aradora sem maior dificuldade, incorporando superficialmente esta palha. O campo não fica "hortado", mas algo "sujo" por causa da matéria orgânica mal enterrada e irregular. Não convém passar uma grade niveladora para "vencer" a palha e nivelar a terra. Quanto mais irregular a superfície do campo (maior rugosidade), tanto menos perigo de erosão existe. Cada pequena saliência é uma microcurva e cada pequena depressão um microterraço. Em Goiás, se recomenda passar primeiro uma grade para picar a vegetação e a palha depois para arar. O plantio será algo mais difícil, mas a erosão será controlada.

Erosão não é um fenômeno imprevisível, desastroso e surpreendente que se abate sobre nós como flagelo de Deus. Nem depende somente do declive e do volume das chuvas. Depende essencialmente da macroporosidade e permeabilidade da terra e sua cobertura, que protege esta porosidade.

O plantio de uma terra irregular com bastante "cisco" somente pode ser feito trocando todos os bicos da frente do cano da adubadeira e embaixo da semeadeira por discos. No caso do preparo mínimo, a plantadeira não precisa ser muito pesada, nem em bloco, mas pode ser em carrinhos articulados que se adaptam facilmente ao terreno. No plantio com tração animal, o bico que risca vai embuchar de vez em quando, mas como ele limpa o sulco a plantadeira vai trabalhar sem problemas. No plantio manual com matraca, não existe dificuldade nenhuma.

Poder-se-ia achar que as sementes nasçam pior com ciscos na terra. Porém, isso não ocorre. Pode ser que, de vez em quando, uma semente fique pendurada na palha enterrada superficialmente, não entrando bem em contato com a terra. Mas a grande vantagem da terra permanecer muito mais úmida que um campo rigorosamente limpo, garante a emergência boa das sementes. Assim, num campo rigorosamente limpo e três vezes arado e gradeado, o feijão nasce irregular e mais vagaroso do que num campo com muito cisco e terra irregular. A emergência irregular se deve especialmente à seca da terra pulverizada, onde nem chuva entra com facilidade e as crostas duras, que a chuva forma na superfície, impedem a emergência (saída) das plantinhas mais fracas.

Preparo mínimo

No plantio com preparo mínimo, se a palha for queimada, forma--se rapidamente uma "sola de trabalho" pronunciada e em cima uma laje dura de modo que a terra endurece com grande facilidade. Não adianta muito o uso de um subsolador quando não se cuida, ao mesmo tempo, da alimentação da vida da terra. Terra subsolada somente fica "aberta" se, imediatamente depois, as raízes e pequenos animais a penetrarem. O enraizamento se garante pelo plantio de uma cultura consorciada ou em linhas estreitas, como cereais de grãos miúdos mas especialmente de leguminosas. E os pequenos animais cavadores são garantidos pela matéria orgânica na camada superficial da terra para que consigam se manter e trabalhar em sua superfície. Por isso, a terra tem de ser protegida e a temperatura mantida baixa.

Em campos queimados e plantados com cultivos com grande espaçamento, a subsolação em nada adianta e a terra se "assenta" logo (partículas sólidas dispersas se reacomodam), ficando tão dura como antes. Somente em anos pouco chuvosos o efeito da subsolação se faz sentir. O preparo mínimo é um "quebra-galho" quando não se consegue fazer uma aração controlada.

Aração controlada

A aração unicamente orientada pela potência do trator é uma catástrofe para a terra. Um CBT com 85 ou 120 HP pode arar até 35 a 40 cm de profundidade, especialmente quando usar mais contrapesos ou até esteiras. Quebra as lajes, vira os torrões à superfície da terra e enterra a camada permeável e porosa. Depois pulveriza estes torrões, e o preparo do campo parece maravilhoso. Mas, seis semanas mais tarde, está tão duro como era ou até pior. As terras decaem rapidamente, a erosividade das chuvas aumenta perigosamente por causa da superfície de terra facilmente encrostada e as culturas respondem cada vez menos aos adubos, enquanto as despesas com defensivos aumentam vertiginosamente.

O problema não é saber o quanto o trator pode puxar, mas o que a terra pode aguentar!

O colono chama a terra do subsolo, da camada abaixo desta camada viva e porosa, de "terra fria" para não dizer terra morta. E subsolo exposto não produz, tanto faz se foi exposto pela ação das chuvas ou dos tratores, que o viraram à superfície. Terra fria não produz! Para produzir precisa-se de terra viva, da "gordura da terra".

Abaixo de 15 cm, a terra é saturada com antibióticos a abióticos produzidos pelos micro-organismos na superfície e dificilmente ali (abaixo de 15 cm) se assenta alguma vida. A vida em si talvez fosse dispensável nesta profundidade, mas o que é indispensável são os macroporos que ela (micro, meso e macrovida) produz, é o ar e a água que eles deixam entrar.

Com tração animal, o agricultor logo percebe quando a terra está em decadência, porque seu aradinho com aiveca não entra mais. Então ele abandona sua terra para a recuperação abaixo de capoeira. Mas com trator e arado de disco se "vence" a terra entorroada, com o resultado de que só vai perceber a exaustão e decadência da terra quando já for muito grave e a recuperação mais difícil.

Antes da aração, se cava uma cova e retira-se, com pá reta, uma placa de terra, preferencialmente com uma raiz pivotante como de guaxuma, cravo bravo ou erva lanceta. Examina-se agora esta terra. Onde ela for grumosa e bem enraizada, é a terra que pode ser arada sem temores. Onde a raiz está afinando, se retorcendo e indo paralela à superfície (forma ângulo de 90 graus), a terra é dura, em torrões. Pega--se um torrão e o quebra. Em terra úmida quebra fácil, em terra seca é mais difícil. Mas as faces (superfície) da ruptura sempre indicam o grau do "endurecimento" da terra. Se as faces de ruptura forem irregulares, raízes mais fortes ainda penetram quando existir suficiente umidade. A raiz pode rachar pedras, por que não racha terra dura? A raiz cresce avançando e, para isso, usa um tipo de "cunha" que é a própria ponta bem entumecida com água. Então ela precisa de água e de ar. Avançando em pedra, esta racha e nas frestas entra umidade e ar. Sem ar e água a raiz não pode avançar.

Se as faces (superfícies) da ruptura são lisas (planas), a terra já é impermeável para a maioria das raízes. Mas se não quebrar mais em torrões, porém em chapas, não existe mais raiz alguma que consiga penetrar.

A aração pode ser feita 2 cm abaixo da camada grumosa e bem enraizada, de modo que em muitos casos será mais rasa que no preparo mínimo. O limite de raso é 8 cm. Com menor profundidade, o arado "pula fora". Se a aração é muito rasa, tem de ser subsolado, ou seja, passado um bico para romper a terra até 20 a 22 cm de profundidade. A escolha da cultura deve ser feita segundo a compactação da terra. Terra muito dura somente sorgo e arroz ainda tem alguma chance. Melhor é deixar crescer alguma leguminosa consorciada como mucuna, que consegue recuperar a terra tanto pela ação das raízes quanto pela enorme quantidade de massa orgânica, quanto pela sombra intensa que beneficia a vida. Num campo recuperado com mucuna, ainda três anos mais tarde, as culturas não se ressentem de veranicos. São resistentes à seca.

A recuperação da terra não dispensa o retorno de resteva das culturas, que simplesmente garantem a conservação. É como se, ao construir uma casa, depois do lixador e da aplicação do sinteco, acreditar-se que nunca mais será preciso fazer alguma limpeza. A casa está aqui, mas tem de ser conservada. E a terra recuperada tem de ser conservada.

Metade do efeito da aração controlada está na escolha certa das culturas e da conservação bem feita. Pode-se passar o arado de disco ou de aiveca, pode-se usar uma grade de discos ou de dentes. Em terra grumosa não tem nada a destorroar e uma grade de dente é o suficiente para nivelar as leivas.

Tração animal

Muitos acham que para a conservação da terra precisa-se de tração animal. Para a conservação da terra precisa-se de matéria orgânica. Mesmo que a pata do cavalo pese menos do que as rodas de um trator e a compressão seja menor, a maior vantagem que oferece é justamente o reconhecimento a tempo da decadência da terra.

A tração animal depende de área pastoril disponível, de pessoas que tratam os cavalos e com quem eles trabalham. Um trator como cultivador equivale a 15 cavalos e 15 homens que andam com o "bico" e os picos de trabalho têm de ser muito melhor distribuídos para que valha a pena manter tanta mão de obra. No mínimo, obriga à rotação de culturas, porque em monocultura é inviável.

A maior parte dos campos de médios agricultores é plantada pelo trator, mas depois cultivado a cavalo, porque a compactação da terra é menor e o estrago na cultura também. Porém, o maior problema na tração animal é justamente o retorno da resteva, da matéria orgânica, que o aradinho "vence" com muito maior dificuldade do que o trator com seus implementos grandes. E, antes da Segunda Guerra Mundial, quando a aração animal era ainda muito comum, se conseguiu estragar as terras como se consegue atualmente com o trator. O problema não é tanto o trator, mas o uso inadequado das máquinas.

Uso controlado de máquinas

A compactação em consequência da movimentação de máquinas agrícolas atualmente é um problema com que se preocupam as pesquisas. Vários livros existem sobre o assunto. E, mesmo assim, ninguém interfere quando os tratoristas se sentem mais eficientes e executam verdadeiras danças com seus tratores em cima da terra. Ninguém gostaria de ser prensado periodicamente entre um muro e um carro. Teria todos os ossos quebrados, a pele machucada e provavelmente alguns órgãos internos prejudicados. A terra também não o aguenta.

Cada aração com seu revolvimento e arejamento da terra é uma agressão à vida existente, performando uma revolução, criando condições profundamente diferentes. Outros micro-organismos chegam "à mamata". E, como numa revolução em nossa sociedade, trocam os lugares ambicionados mas não se pode dizer que algo melhorou. Somente a destruição é grande. Na terra é a mesma coisa.

A aração profunda e o não retorno da matéria orgânica desgasta a terra e aumenta ainda o efeito negativo pela movimentação despreocupada das máquinas, que somente visam os serviços a serem feitos, mas nunca na terra que deveria ser poupada. Talvez o preço do combustível contribua para um planejamento mais criterioso da movimentação das máquinas.

Numa cultura de soja, as máquinas passam, mais ou menos, 18 vezes pelos campos para:
– uma distribuição do calcário;
– uma a duas arações;
– duas gradeações;
– uma aplicação de herbicida;
– um plantio e adubação;
– uma pulverização com herbicida;
– eis a 12 vezes aplicações de praguicidas;
– uma a duas pulverizações com adubo foliar;

– uma aplicação de desfoliante;

– uma colheita.

E, quanto mais úmida a terra, tanto mais prejudicial a pressão das máquinas. Em propriedades pequenas e médias, pode-se ainda escolher o "ponto" de umidade em que se trabalha com a máquina. Em áreas grandes tem de entrar de qualquer maneira e até se usam tratores de esteira para não patinar na terra molhada.

Geralmente, se acredita que passando a grade sobre a compactação, esta desaparece. Mas os grumos destruídos e os macroporos amassados não se formam mais.

No Paraná, se diz: "pata de cavalo aumenta a colheita!" O que parece milagre é simplesmente a menor compactação pelo animal. Existe a campanha a favor da tração animal, mas esta depende de pastagens e forragem para os animais, de mão de obra acostumada a lidar com cavalos ou mulas e, antes de tudo, muitas pessoas que têm de ser ocupadas em épocas quando não se necessita de tração animal. Implica imperiosamente na rotação de culturas e uma distribuição muito bem feita de turnos de trabalho.

Máquinas também podem ser usadas de maneira criteriosa. Poder-se-ia baixar a incidência de pragas e doenças pela rotação de culturas e retorno da matéria orgânica.

O fogo

No preparo da terra, o fogo parece indispensável para muitos. É tão fácil riscar um fósforo e o campo fica livre da palha, o pasto fica limpo e rebrota logo em seguida. É um fogo rápido, inofensivo e tão prático!

Mas o problema do fogo não é o calor. Quando passa num campo com terra úmida e um pouco de vento, o calor é pouco. De fato, não prejudica. Às vezes, nem chamusca a palha mais rente ao chão. E mesmo assim prejudica. Pastagens após oito anos de queimada, ou seja, limpeza pelo fogo, produzem somente um quarto do que produziam antes em massa verde. A vegetação se torna grosseira e pouco nutritiva. Os campos agrícolas reagem cada vez menos aos adubos. O que o fogo destrói? Destrói somente a matéria orgânica, impede seu retorno. E o não retorno da matéria orgânica, a comida da vida da terra, deixa-a morrer. Diminuem os macroporos, diminui o ar, aumenta a erosão, enfim, instalam-se os problemas tão corriqueiros em nossa agricultura. Existem culturas, como o algodão, em que, por lei, se tem que queimar os restos da cultura. Mas o que a lei não diz é que agora o agricultor deve ter o bom senso de plantar alguma cultura que forneça muita matéria orgânica ou talvez plantar uma adubação verde.

Na hora, o fogo é sempre o modo mais barato de limpar um pasto ou de limpar um campo para facilitar o preparo da terra. Mas, com o tempo, é o método mais caro porque arruína a terra. Vale a pena um esforço na hora e ganhar depois a recompensa de uma terra viva, sadia e forte.

Diversificação da vida da terra

A diversificação da vida equivale a seu controle. E para isso dispõe-se de três técnicas: a rotação de culturas, a adubação verde e o repouso (nunca esquecendo também da consorciação, em pequenas e médias propriedades, conforme o tipo de cultivo). Na agricultura nômade que ainda existe parcialmente no Brasil, se plantava a terra durante dois, três ou quatro anos para abandoná-la em seguida por oito e até 20 anos, conforme a região. Esse abandono da terra tinha por finalidade permitir sua recuperação sob vegetação nativa. O homem se declarava incapaz de fazer o trabalho da natureza. Ele somente explorou e destruiu a terra e a natureza tinha de sanar e recuperar. Quando se trabalha é preciso repousar para se recuperar. Máquina que trabalha tem de reabastecer, engraxar e fazer manutenção. Só na terra acham que não precisa nada a não ser explorar. Mas também a terra precisa de repouso e recuperação, de manutenção. Vaca leiteira tem seus meses de "seca". Tudo que vive precisa de descanso.

O repouso da terra

O repouso da terra ocorre quando há vegetação diversa, quando volta a matéria orgânica, quando a vida se diversifica, quando os macroporos se renovam e quando acumulam algum húmus. Húmus é como comida enlatada, é reserva para ser gasta em épocas em que a comida é escassa.

No Brasil, o repouso se faz simplesmente abandonando a terra. A natureza se encarrega! Chama-se de pousio.

Em Portugal, se chama o pousio de *"alqueive"*. Mas no alqueive a terra ainda é arada após a colheita, a matéria orgânica que restou da cultura ainda é misturada com a terra. E depois se abandona o campo.

Na Inglaterra, se chama o pousio de *"ley-farming"*. Lá se implanta uma pastagem mista somente para fenação. Três anos de agricultura e três anos para fenação. É o repouso da terra.

Entre nós, se troca o campo agrícola pelo pasto, ou como dizem: o boia-fria pelo boi. É um ciclo mais longo, involuntário, simplesmente obedecendo à necessidade econômica. Plantava-se café e quando não dava mais, entrava cana-de-açúcar e quando esta já não dava mais, voltava o pasto. (Hoje existe o Sistema de Integração Lavoura-Pecuária, ou mesmo Lavoura-Pecuária-Floresta).

No Rio Grande do Sul se troca arroz-pasto, simplesmente para combater melhor o capim arroz.

Mas este repouso pode ser dirigido e, como tal, isto se chama rotação de culturas.

Rotação de culturas

Terra cansada é dura, racha, saliniza ou acidifica, é cheia de pragas e de doenças. Nada mais dá certo. O arado vira torrões à superfície, invasoras persistentes se instalam, o adubo tem cada vez menos efeito, os nematoides aumentam se for terra fraca ou arenosa. Terra cansada é sulcada pela erosão. Pessoa fraca pega mais fácil doença, tem verminose, não tem vontade de trabalhar. E terra cansada é fraca, é pesteada, é pouco produtiva.

Faz-se rotação de culturas para manter a terra viva e produzindo. A terra tem de ter saúde, e esta somente existe com uma vida diversificada. Se na sociedade humana somente existissem barbeiros e professores primários não faria sentido. Precisa-se de todas as centenas de profissões para funcionar, cada um com sua função. A terra também precisa de todos os tipos de vida (os grupos funcionais), cada uma especializada, para funcionar. E como a vida é especializada, precisa de matéria orgânica muito variada, da maneira como a natureza a fornece gratuitamente num terreno abandonado.

Atualmente, força-se a produção à custa de enormes quantidades de adubos e defensivos. Se existe a necessidade de defensivos, isto ocorre porque as plantas não são vigorosas e sadias. Portanto, para baratear a produção e aumentar a saúde da terra e das plantas que ali vegetam necessita-se imitar ao máximo a natureza e sua variação: diversificar a vida!

E esta diversificação se consegue pela rotação de culturas. Plantando sempre a mesma cultura chama-se monocultura. E esta cultura uniformiza a vida pela matéria orgânica sempre idêntica que fornece, e mesmo queimando a palha ainda fornece as excreções de suas raízes. As raízes são fracas e limitadas e não existe possibilidade de manter a terra produtiva.

Na Região Sul do Brasil, usa-se muito a troca trigo-soja. É um início de rotação, mas tão pequena que não traz benefícios. A rotação deve ter, no mínimo, três culturas como:

Soja – algodão – milho + mucuna

Nesta rotação, a soja fornece nitrogênio ao algodão e o milho + mucuna fornecem a palha que está faltando nos dois outros cultivos. A desvantagem de soja – algodão está no fato que as duas culturas são exigentes em molibdênio. Usando-se somente cultivos de verão, ou seja, das águas, a vegetação nativa recupera as terras durante a estação de seca. Onde a agricultura é muito intensiva, como nos estados do Centro-Sul, planta-se durante as duas estações.

Vejamos, assim, uma rotação bastante usada:

Águas	Inverno
Soja	Aveia preta (forrageira)
Milho	Tremoço
Soja	Trigo

Para esta rotação, é preciso repartir a propriedade em três parcelas iguais. Em cada uma começa-se com uma das culturas de verão, de modo que a rotação de cada parcela fique a seguinte:

1. soja – aveia preta – milho – tremoço – soja – trigo
2. milho – tremoço – soja – trigo – soja – aveia preta
3. soja – trigo – soja – aveia preta – milho – tremoço

Repete-se a soja, que é o cultivo principal, mas varia-se a troca soja – trigo pela inclusão de mais três culturas que neste caso são aveia-forrageira, tremoço e milho.

A rotação fica mais enriquecida se forem usadas culturas consorciadas, por exemplo milho + mucuna preta, arroz + calopogônio, aveia + ervilhaca, usando-se esta mistura para forragem. Cultivos de forrageiras para ferrejo (cortadas com foice, alfanje) são os que mais recuperam a terra. Uma rotação favorável para os trópicos é: milho + feijão-de-porco – gergelim – mamona – feijão caupi.

Existem muitas variações, por exemplo, plantando duas carreiras (fileiras ou linhas), ou seja, uma carreira dupla de mamona e três carreiras de caupi que beneficia mais a terra nos trópicos, segue-se milho + mucuna ou feijão-de-porco e finalmente gergelim.

Mesmo quando o sorgo rende bem nessas regiões, nunca se deve incluir sorgo numa rotação com gergelim, que fica seriamente prejudicada.

Na rotação deve-se observar dois princípios:

1. econômico: plantar a cultura mais exigente sempre no início como algodão, batatinha, fumo etc. Estas recebem a adubação

maior. Convém misturar adubo de dissolução em água com adubos somente solúveis em ácidos (termofosfatos, pós de rocha, silicatados), de reação mais lenta, para evitar a lixiviação total dos adubos nos primeiros meses de chuva. A seguir uma cultura menos exigente e mais modesta como milho. Se este for consorciado com uma leguminosa para fornecer nitrogênio e palha é mais vantajoso. Como terceira cultura segue-se uma modesta, que aproveita o campo depois das duas outras como arroz, mandioca ou semelhante. Em ambos, no arroz o calopogônio, e na mandioca a mucuna-preta, que se semeia quando a mandioca já estiver com 0,5 m de altura, pode-se implantar uma leguminosa. Estas leguminosas permanecem após a colheita no campo, fornecendo a recuperação da terra para se fazer novamente um cultivo exigente;

2. agroecológico: sempre deixar seguir um cultivo com boa quantidade de palha a um com pouca palha. Por exemplo, feijão (de arranque) deixa pouca matéria orgânica no campo. Então, deve ser seguido por um cultivo que produz muita palha, por exemplo, milho de safrinha. Se aplicam micronutrientes junto com a adubação, especialmente boro, cobre e zinco, e o milho dará uma colheita boa e a safrinha pode equivaler ao milho da safra. A melhor forma de aplicar esses micronutrientes é comprar um adubo enriquecido ou misturar FTE. Vale a regra de que em cinco colheitas uma deve ser recuperadora para a terra, e esta recuperação se consegue por uma leguminosa na entressafra ou por uma mistura de forrageiras para ferrejo. Uma das rotações melhores de São Paulo e Sul de Minas é amendoim – arroz – milho – mucuna preta – algodão. Nesta rotação se intercala sempre uma leguminosa com uma não leguminosa, fornecendo todo o nitrogênio necessário para os cultivos. Toda a palha volta

religiosamente à terra. A mucuna preta melhora a terra de tal maneira que, durante três anos, os cultivos não se ressentem de veranicos neste terreno.

Como todos estes cultivos são das águas, durante a seca o terreno se cobre com a vegetação nativa. Passa-se uma grade após a colheita para misturar superficialmente a resteva com a terra e se entrega a terra à natureza que se encarrega de recuperá-la. É o sistema de alqueive, que o inglês chama de *stubble-mulch*.

Muitos acham ainda que a rotação de culturas não funciona no Brasil. Isso porque simplesmente trocam uma cultura por outra sem saber se estas culturas se beneficiam ou prejudicam. Assim, a rotação de culturas sorgo e trigo-mourisco prejudica seriamente o trigo, tanto quanto o girassol à batatinha ou a alfafa ao linho. Por isso, é necessário conhecer as plantas inimigas ou alelopáticas.

Plantas companheiras

As plantas companheiras quando plantadas consorciadas ou em rotação se ajudam mutuamente. Para saber se duas plantas são companheiras, faz-se o seguinte: retire uma raiz com toda terra ao redor e sacuda-a cuidadosamente para recolher toda esta terra do torrão. Coloque esta terra num prato. Num outro prato, coloque areia lavada. Em seguida, plante 100 sementes em cada prato. Se as sementes no prato com a terra nascerem primeiro e a porcentagem de germinação for maior na areia, as plantas são consideradas companheiras. Se nascem mais rápido e melhor na areia, as culturas são alelopáticas. A terra tem de ser sempre da cultura que se vai seguir e testa-se esta da qual se pretende plantar a semente. Desta maneira, é possível verificar se é benéfico plantar essas culturas em rotação. Por exemplo, a terra é de mamona e se planta arroz, ou a terra é de sorgo e se planta trigo.

No Rio Grande do Sul, havia a troca de trigo com sarraceno (trigo mourisco). O trigo dava menos a cada ano até se tornar antieconômico. Finalmente se descobriu que o trigo sarraceno prejudicou o trigo. Se fez a rotação trigo-soja e este efeito sumiu. No entanto, somente o trigo se ressente da grande quantidade de calcário que se aplica para a soja. No Norte, deu uma zebra maior com gergelim plantado após sorgo. O gergelim nem frutificou, de modo que temos de estar cientes que entre as plantas existem amizades e inimizades da mesma maneira como na sociedade humana e, para impedir que uma rotação em lugar de um benefício seja uma decepção amarga, segue aqui uma lista de plantas companheiras ou plantas que se beneficiam em rotação ou consorciação.

Plantas que beneficiam em cultivos anuais ou semiperenes

Algodão é beneficiado pela rotação com mucuna preta e pela consorciação com trevo.

Amendoim agradece a rotação com batata doce, mas mais ainda com capins forrageiros finos como pangola, quando forem cortados para feno ou ração.

Arroz-de-sequeiro gosta de rotação com mamona e guandu e se dá bem na consorciação com calopogônio.

Batatinhas se beneficiam com a consorciação com feijão, ervilha e tremoço e gostam da rotação com capins finos como festuca e pangola. Capim de porto alto como colonião ou Napier não as beneficiam porque enraízam pouco a terra e deixam muito chão descoberto. São drasticamente prejudicadas por girassol.

Cana-de-açúcar agradece muito a rotação com crotalária. Usa-se plantar crotalária para fibras que servem para a produção de papel de cigarro e em seguida plantar cana. Também a consorciação com feijão fradinho fortalece a cana-planta, que resiste muito melhor a períodos secos.

Feijão (de arranque) se beneficia pela consorciação com milho. Uma linha de milho após cada 4 linhas de feijão protegem o feijão da mosca-branca, transmissora de virose. Em rotação com nabo-forrageiro, que controla até 90% de capim-marmelada (papuã), o feijão aumenta a colheita em 70 a 90%. Também aveia-preta beneficia o feijão quando plantado em rotação.

Fumo aprecia a rotação com soja, porém esta rotação não pode ser repetida ano por ano para evitar um enriquecimento muito grande da terra com nitrogênio, que iria provocar um fumo muito "pesado". Uma calagem e 3 kg/ha de bórax melhoram sensivelmente a qualidade do fumo.

Gergelim agradece a rotação com caupi (feijão – miúdo) mas não se dá de maneira alguma com sorgo, que até impede sua maturação.

Mandioca agradece muito uma adubação verde com alguma leguminosa como mucuna, puerária ou centrosema e se consorcia bem com melancia.

Milho rende 12 a 20% mais quando consorciado com feijão-de--porco ou mucuna preta. Quando plantado em rotação com mucuna preta, praticamente se torna resistente à seca. Ele vai bem em rotação com algodão, feijão e soja, e também picão--preto (invasora).

Soja se beneficia pela presença de beldroega (*portulaca*) que aparece nas plantações como invasora. Ela vai bem em rotação com milho, trigo e fumo mas se prejudica pela rotação com aveia para grão.

Sorgo é uma cultura muito rústica e rende ainda bem em terrenos onde o milho não dá mais. Ele agradece a rotação com lab--lab e mucuna preta. Trigo e gergelim ele prejudica seriamente.

Trigo se beneficia com a rotação com soja e milho + mucuna preta e lab-lab, mas é seriamente prejudicado por sorgo e trigo sarraceno (mourisco).

Todas as plantas com necessidades nutricionais parecidas se prejudicam: assim, alfafa e linho não se dão bem em rotação, nem algodão com soja. Nem sempre se pode verificar isso numa única rotação. Há cultivos onde o efeito maléfico é fulminante e existem outros onde somente após muitos anos se verifica a diminuição irrecuperável das colheitas.

Cultivos perenes

Em cultivos perenes constata-se antes de tudo o efeito benéfico e inexplicável de Hevea (seringueira). Somente três pés intercalados numa área de um hectare melhoram sensivelmente a saúde de laranjais, cafezais e cacauais. O porquê não se sabe. Também consorciado com guaraná e pimenta-do-reino contribui à saúde destes.

Cacau sempre é plantado sob a proteção de bananeiras e consorciado com Erythrina. Uns pés de Hevea melhoram muito a saúde da plantação.

Café se beneficia pela consorciação com lab-lab e feijão-de-porco e agradece a sombra esparsa de grevilhas (robusta). Dizem que a consorciação com grevilhas como "quebra-vento" está causando problemas com nematoides. Mas o aparecimento de nematoides parasitas sempre depende da falta de matéria orgânica na terra. Quando os cafeeiros forem cobertos com cobertura morta ou receberem torta de mamona, casca de café ou outro material orgânico e se fizer adubação foliar com compostos de micronutrientes, os nematoides desaparecem. Com lab-lab e micronutrientes se recuperam cafezais tomados por nematoides e ferrugem. Importante é o fornecimento de matéria orgânica! Três Heveas/ha tornam os cafeeiros mais resistentes a nematoides.

Citros gostam de consorciação com lab-lab, mucuna-anã, feijão--de-porco, guandu e até puerária se é possível controlar seus baraços (caules de crescimento indeterminado). A saúde do laranjal melhora sensivelmente com a intercalação de 10 goiabeiras/ha e de 3 Heveas/ha. Contra a broca se plantam arbustos-isca, a Maria-Preta (uma verbanacea) para onde migram os besouros, mães das brocas e onde podem ser facilmente combatidos;

Coqueiros agradecem a implantação de guandu e centrosema que se roça de vez em quando até 30 cm de altura, cobrindo a terra ao redor deles.

Dendê se consorcia muito bem com estilosantes, que têm a fama de secar a terra. Mas como os dendezeiros se plantam em terrenos que possuem nível freático elevado e, às vezes, até podem encharcar, os estilosantes são benéficos;

Guaraná é frequentemente consorciado com Hevea e cacau. Tem também plantações onde se misturam ainda dendê, pimenta-do-reino e maracujá com os melhores resultados. Guaraná é arbustivo no sol e trepadeira na sombra.

Parreiras ficam muito mais fortes e saudáveis quando consorciadas com tremoço. Dizem que uma consorciação com tremoço equivale a 40 toneladas de esterco de gado.

Pimenta-do-reino se beneficia com a consorciação com feijão caupi e crotalária e a intercalação de coqueiros especialmente em terras muito arenosas. Mas as plantas companheiras valem também nas hortaliças onde são mais pesquisadas.

Hortaliças

As plantas companheiras das hortaliças são bastante conhecidas onde não somente a consorciação mas, às vezes, apenas a presença de uma planta amiga num cantinho ajuda ao desenvolvimento. Porém, também há plantas "mordazes" que não se dão com ninguém, como o funcho, pois onde ele cresce os outros vão para trás. O único amigo que tem é o coentro, aumentando mutuamente a produção de sementes.

Alface consorciado com roseiras cresce muito melhor e faz as roseiras florescer mais, mas ele inibe o crescimento de ervilhas e de feijão.

Agrião faz o brócolis se desenvolver melhor quando plantado uma linha de agrião entre duas a três linhas de brócolis.

Cebola e *cenoura* em linhas alternadas se ajudam mutuamente. Também a rotação de cenoura-cebola-milho + mucuna é muito vantajosa.

Cenoura cresce muito melhor após soja. Misturando a semente de cenoura com alho-poró na proporção de 3/2 e semeando-os juntos mantém-se as cenouras livres das mosquinhas.

Couve-rabanete agradece a consorciação com beterraba vermelha e cebola, onde se desenvolve melhor e fica mais saboroso em consorciação com agrião.

Pepino em linhas alternadas com batatinhas se ajudam mutuamente.

Tomates crescem mais robustos e carregam mais quando plantados consorciados com cravos-de-defuntos. Por outro lado, tomates beneficiam todas brassicáceas como repolho, couve-flor etc. repelindo a borboleta branca da couve.

Batatinhas e fumo se prejudicam, mesmo quando plantados na vizinhança, de modo que são mais atacados por doenças fúngicas.

Couve-flor e o *salsão* é a inimizade mais temida entre hortaliças, nunca podem entrar em rotação.

Verifica-se que consorciação e rotação têm de ser bem escolhidas para terem efeito benéfico. O mesmo vale para os cultivos de entressafra, geralmente adubação verde.

Adubação verde

Antigamente, a adubação verde foi usada como cultura. Assim não deu efeito benéfico, mas aumentou somente a erosão. Isso porque foi enterrada quando a leguminosa iniciava a floração, o que ocorria mais ou menos em dezembro, e depois o campo ficava exposto às chuvas de verão, passava a seca e quando, finalmente, se plantava a cultura que devia ser beneficiada, não tinha mais nada na terra.

Atualmente, a adubação verde é usada como cultivo entressafra ou consorciação e não se restringe mais ao simples fornecimento de nitrogênio. De acordo com a finalidade que se almeja, usa-se como adubação verde uma planta diferente. Todas, porém, exigem em seguida uma calagem para corrigir a acidez provocada pela massa verde.

Podemos verificar várias finalidades para o uso da adubação verde:
fornecer nitrogênio: neste caso, se plantam leguminosas como lab-lab, mucuna preta, ervilhaca, crotalária e outras;
mobilizar fósforo na terra: isso se consegue especialmente com trigo mourisco (sarraceno), puerária, caupi e calopogônio;
fornecer potássio: para isso, usam-se especialmente capins de alto porte, como Napier que, quando roçado, fornece tanto potássio que pode desequilibrar o magnésio. Neste caso, o capim não é incorporado superficialmente com a terra, mas somente roçado e deixado na superfície. Por exemplo, em plantações perenes se planta o capim nas entrelinhas e se usa-o cortado como cobertura morta;
mobilizar cálcio: isso ocorre especialmente pelo uso de tremoço ou de erva-besteira;
combater invasoras: conforme a invasora, se usa a planta de adubação verde. Por exemplo, nabo-forrageiro e aveia-preta combatem o capim-marmelada (papuã), azevém a guanxuma, feijão-de-porco a tiririca etc.;
combater nematoides: o melhor combate de nematoides é feito pelo lab-lab e pela crotalária, que matam um espectro maior (maior número de espécies). Mas todas as leguminosas combatem algumas espécies. E até cravo bravo, uma invasora, é conhecido como nematicida. Mas é preciso cuidado com o seu uso, porque é pouco amistoso com feijão;
quebrar lajes duras na terra: se a laje for superficial e não muito dura, algumas das crotalárias resolvem, como a *C. Juncea*, *C. Spectabilis* ou *C.paulina*, mais fibrosa. Mas, se a laje for profunda e dura tem de ser guandu. No entanto, neste caso, já não é mais um cultivo entressafras, é preciso ficar dois anos no campo.

O plantio da leguminosa pode ocorrer após a cultura principal deixar o campo, ou também se implantando na cultura em pé. Assim, mucuna preta, feijão-bravo-do-ceará, feijão-de-porco, calopogônio etc. são implantados na cultura quando esta estiver a meio metro de altura. Na sombra, as leguminosas não se desenvolvem bem, mas começam a crescer quando a cultura sair do campo (for colhida). Aí cobrem toda área e podem ser roçadas quando as sementes se formaram, mas ainda estão verdes demais para poder nascer. A massa fica como cobertura morta no campo até que se pretenda arar para o plantio da cultura, ou fazer plantio direto. Azevém pode ser implantado em milho. Colza e nabo-forrageiro somente podem ser plantados depois da cultura sair do campo. Colza é somente boa cobertura da terra em campos ricos. Enriquece a terra com enxofre e, portanto, beneficia soja e feijão.

A adubação verde pode ser usada como cobertura morta, como em culturas perenes, ou pode ser misturada superficialmente com a terra (máximo 5 cm superficiais). Nunca se pode enterrar a massa verde. Ali perde todo efeito benéfico e somente prejudica a cultura seguinte, porque exige no mínimo três meses para poder apodrecer e se perderem ou degradarem todas as substâncias tóxicas que se formam durante a decomposição anaeróbia.

Em pomares, pode-se plantar, nas entrelinhas, uma leguminosa misturada com capins. Estes são roçados e amontoados ao redor das árvores. O acolchoamento da terra com matéria orgânica seca, como já foi dito na cobertura morta, é muito benéfico. A massa verde não deve ser imediatamente levada para cobertura morta. É aconselhável deixá-la secar durante um dia.

A proteção contra o vento

O ventinho agradável que refresca um pouco nos dias quentes, a brisa permanente, leva grande parte da umidade do campo e junto também o gás carbônico que existe em maior quantidade nas proximidades da terra.

Este vento resseca e pode levar toda água que penetrou na terra, entre um e quatro dias, conforme a chuva que caiu. A água sai da terra e das folhas na forma de vapor, e se o ar estivesse saturado de vapor não poderia sair mais da terra e das folhas. Mas com este ventinho levando a umidade, a perda se torna constante. Em casos sérios pode levar até 7.500 toneladas de água (750 mm equivalente à chuva) de um único hectare, o que é mais que a chuva total de um ano em muitas regiões do Nordeste. Vento forte não leva água, porque, neste caso, as folhas fecham seus poros.

Por isso, é preciso ter alguma proteção contra o vento. Na região equatorial, as lavouras pequenas dos índios, no meio da mata, dão boas colheitas, mas as lavouras grandes dos fazendeiros quase não dão nada. É o vento.

Plantam-se, pois, faixas de vegetação mais alta para "quebrar" o vento, para diminuir sua velocidade. Estes "quebra-ventos" podem ser plantas anuais como milho para feijão; podem ser arbustivos como guandu para milho, arroz, algodão ou podem ser arbóreas como para cana-de-açúcar, pastagens ou também lavouras e cafezais (pode-se usar grevilha robusta).

Vale a regra de que uma faixa de vegetação protege uma área que é três vezes mais larga que a altura da vegetação protetora. De modo que uma linha de milho ou de cana de 2 metros protege 6 metros de campo. Guandu de 3 m de altura protege 9 m de campo e árvores de 10 m de altura protegem faixas de 30 m.

O quebra-vento tem de ser plantado cortando a direção do vento perpendicularmente. Quando estiver em dúvida de onde vem a brisa, olhe as folhas das palmeiras que mostram todos na direção do vento igual a uma seta. O lado de onde vem a brisa é aquele em que as palmeiras não têm folhas. E se não houver palmeiras para observar, você pode lamber seu indicador e levantá-lo: o lado que esfriar é a direção do vento.

Não se deve interceptar totalmente o vento para produzir uma calmaria do outro lado. Deve passar mais ou menos 30% do vento. Numa "sombra-de-vento" total aparecem facilmente doenças fúngicas nas culturas. Mas uma "sombra-de-vento" parcial aumenta a colheita em 100% tanto de café quanto de cana-de-açúcar, milho, arroz ou hortaliças. Sombra-de-vento se diz para o lado da faixa protegida pelo vento. Se tem um muro, num lado bate o vento e no outro lado não tem vento. É o lado da "sombra-de-vento". O muro faz "sombra" contra o vento.

As faixas de árvores que se plantam podem ser árvores mais diferentes. Em pastagens se usam árvores e arbustos forrageiros como algarobeira, goiabeira, babaçu, palma forrageira e outros. A ideia de fazer as cercas vivas de avelóz (planta tóxica, *Euphorbia tirucali*) ou de espinheiros de certo protege melhor contra intrusos, mas não ajuda o gado em épocas de pouca forragem. Em campos agrícolas, podem ser utilizadas árvores fungicidas como pinus-elliottii, limoeiro, pau--d'alho etc. Estes quebra-ventos são muito interessantes em pomares e cafezais. Também em culturas perenes podem ser usados em lugar de faixas de árvores de sombreamento, como em café e cacau, que ao mesmo tempo fixem nitrogênio para a cultura (arbustos e árvores leguminosas). Possibilidades há muitas, apenas é preciso ter muita observação, amor pela natureza, e pensar no que as plantas iriam gostar e o que a natureza faz para lhes agradar. Se agrada suas plantas, elas agradecem com colheitas altas, saúde boa e vigorosa.

Equilíbrio entre os nutrientes

Costuma-se fazer uma calagem e aplicar no plantio somente NPK e, se for o caso, ainda uma cobertura com nitrogênio. O que se aduba são sete nutrientes: cálcio e magnésio, nitrogênio e enxofre, fósforo, potássio e cloro. É muito pouco se pensamos que uma planta sadia precisa, conforme a espécie, entre 32 e 34 nutrientes. Nossas culturas são bem alimentadas e bem malnutridas. Usam-se os macronutrientes, estes que se adubam em maior quantidade; os micronutrientes, que devem ajudar a catalisar estes macronutrientes, deixam-se fora. São quantidades pequenas demais para serem consideradas! Mas no caso dos agrotóxicos também têm venenos onde se usam menos de

1 kg por hectare. Não porque seriam insignificantes, mas porque são muito potentes. E enquanto uma planta pode conter até 3% de nitrogênio, somente tem 14 ppm (partes por milhão) de cobre (1 ppm é 1 mg por cada quilo de peso), e enquanto encontramos até 1,8% de cálcio nas plantas, o manganês não passa de 630 ppm, o ferro 140 ppm, o molibdênio somente 0,9 ppm e o cobalto 0,48 ppm, ou seja, nem meio miligrama por quilo. E mesmo assim são importantes. E cada elemento que a planta contém deve ter alguma função, caso contrário não iria ser absorvido. E se há absorção excessiva de um elemento nocivo, como de alumínio, é porque desequilibramos terra e plantas.

Os micronutrientes fazem parte das enzimas e aumentam, portanto, a velocidade do crescimento sadio e da produção. Por isso milho tratado com boro, cobre e zinco não somente forma mais proteínas mas também é muito mais gostoso e, o que importa para o agricultor, muito mais sadio. Milho suficientemente abastecido com boro não é atacado pela lagarta-do-cartucho e com suficiente zinco não sofre da broca do colmo. E mesmo sendo importantes não se precisa mais do que 3 a 5 kg/ha de bórax ou ácido bórico, 3 kg/ha de sulfato de cobre e 5 kg/ha de sulfato ou óxido de zinco. Grãos de milho bem provido com boro não caruncham no armazém. Quando o boro faltar, eles estarão frouxos no sabugo, haverá formação de espigas pequenas e deformadas com duas linhas de grãos chochos e parcialmente podres.

Arroz tratado com somente 2,5 kg/ha de sulfato de cobre e 3 a 5 kg/ha de óxido de zinco forma mais proteínas, tem um rendimento muito maior na máquina, consegue um preço maior e dá uma colheita maior. E o que é importante: não é atacado por doenças fúngicas.

Para que os micronutrientes façam efeito, é preciso ter certeza de que as sementes os contenham. E como não podemos ter certeza, convém pulverizar levemente as sementes com uma solução de 0,05% dos micronutrientes que pretende adubar. Isso porque a semente faz seu programa com os nutrientes que tem à disposição no momento do entumescimento e germinação.

Trigo necessita de boro e manganês, algodão de molibdênio, soja de molibdênio e cobalto, feijão, de boro e zinco etc.

Atualmente já existem adubos granulados mistos enriquecidos com boro, zinco e cobre; também temos fosfatos enriquecidos com boro e zinco. Existem complexos de micronutrientes silicatados, de lenta solubilidade que são mais vantajosos do que os sulfatos e cloretos, porque nunca são disponíveis em grande quantidade e nunca faltam por causa de perda por lixiviação. Uma das formas encontradas no mercado é o FTE. Existem compostos de molibdênio + cobalto para o enriquecimento de semente de soja (variedades precoces e semiprecoces) e finalmente um composto de micronutrientes que contém 35 elementos, o Skrill (de origem marinha).

Mas praticamente todos os micronutrientes não fazem muito efeito se não tem matéria orgânica na terra que os mobilize ou quelatize. Portanto, adubar com micronutrientes sem tratamento de sementes e sem matéria orgânica na terra não adianta!

Para a adubação foliar, recomenda-se nunca usar uma solução maior que 0,8 a 1% mesmo se na bula for indicado mais. Isso porque a planta não absorve fácil as concentrações maiores. Também é importante aplicar adubação foliar somente nas horas frescas da manhã e vale a regra de que, depois das 9h não se deve mais aplicar uma adubação foliar. Comece com o raiar do dia, mas termine quando o sol se torna mais quente. Como a adubação foliar geralmente deve ajudar a cultura a passar por alguma adversidade, ela já é fraca e, portanto, aproveita o adubo somente com as folhas em pleno turgor. Especialmente cobre tem de ser aplicado bem cedo.

Há muitos cafeicultores que se orgulham das folhas gigantes que aparecem nos seus pés. Acreditam que é sinal de abundância e vigor. Mas, na verdade, é sinal de deficiência de cobre e que torna as plantas suscetíveis a doenças fúngicas.

Micronutrientes são muito importantes, porque sem eles as plantas não formam enzimas e sem enzimas não formam proteínas, mas somente aminoácidos, e não formam açúcares estáveis, não formam vitaminas ou somente muito poucas, têm pouco gosto e apodrecem e caruncham facilmente. E aí vem toda nossa enorme quantidade de defensivos que condimentam nossa alimentação e pesam no bolso do agricultor.

Quem tenta agradar a terra, agrada às plantas, e quem quer confortar as plantas, conforta a si mesmo, porque elas agradecem com uma produção farta, nutritiva e barata.

ANEXO

O SOLO E SUA VIDA[*]

Ao meu querido Bärli (Artur)
no 32º aniversário (em 9/2/1950)
de sua Hasí (Ana).

---

[*]   1º texto escrito de Ana Primavesi no Brasil, em 1950. Condensa sua visão ecológica de manejo do ambiente agrícola, expandido em 1980 com o livro *Manejo Ecológico do Solo*. Disponível em: <https://anamariaprimavesi.com.br/wp-content/uploads/2020/02/Hati-e-Hasi-texto-aquarelas-Primavesi.pdf>

Princípio básico

O solo é um organismo vivo!

Origem do solo

Decisivo para o tipo de solo é o substrato geológico, ou seja, a rocha--mãe. Os quartzos se decompõem em areia; arenito calcário e calcário de concha fornecem solos arenolimosos contendo cálcio; gnaisse e granito, dependendo de sua composição, originam solos limosos ou arenolimosos; basaltos e micaxisto são as formações básicas das argilas etc. A rocha-mãe é sempre um indicador do que nós podemos e devemos encontrar no solo.

Formação do solo

Com o desgaste da rocha-mãe, ainda não é formado o solo. Existe apenas o esqueleto a partir do qual deve ser formado o que entendemos por solo. Quatro fatores são cruciais para a formação do solo:

1. a formação geológica;
2. o clima;
3. a cobertura vegetal;
4. o homem (somente no solo cultivado!).

A formação geológica

A formação geológica (exceto os solos aluviais) dá forma ao solo. Sais, ácidos, hidróxidos metálicos etc. não podem subir à superfície mesmo no clima tropical mais quente se não estiverem disponíveis. A condutividade térmica bem como o poder de armazenamento de calor, o poder de sorção, o volume de poros, a textura e o pH do solo já são predeterminados em certa medida por meio da estrutura físico--mineral. As mudanças que o clima e a cobertura vegetal produzem somente são possíveis em conexão mais íntima com a estrutura existente. Assim, como os pesquisadores suecos e russos conseguiram estabelecer claramente, existem florestas, estepes, pântanos e solos do deserto já predestinados. Nem o clima nem a cobertura vegetal podem mudar isso. No entanto, eles podem ser influenciados favoravelmente pelos seres humanos. As pradarias estadunidenses, as estepes do sul da Rússia e as pastagens australianas nunca foram cobertas por floresta. O deserto Gobi, um deserto de sal, sempre foi um deserto. O clima estava sempre seco por causa da falta de floresta, de modo que não se esperava uma mudança natural nessa condição.

O clima

O clima não apenas influencia a degradação da rocha-mãe, mas também é responsável pela diversidade de solos na Terra. Assim, sobre a rocha diabásica, ou seja, nos basaltos da Europa, ficam os "solos marrons de floresta ou Braunerden"; no Mediterrâneo e na Índia, os chamados solos tropicais amarelos ou lateritas, e nos trópicos e subtrópicos da África e América do Sul, os solos tropicais vermelhos ou "terra roxa". Solos férteis de marga (calcário com 35% a 60% de argila), sobre Keuper (tipo de rocha sedimentar) modificam-se em clima mais quente, para o notório "Solontschak" das estepes de sal russas, onde a intensidade da água que evapora leva sais à camada superficial, que florescem nas chamadas "camadas de olhos brancos" e impedem o desenvolvimento de qualquer vegetação após a estação chuvosa (também no sudeste da Hungria). Ainda existem vários exemplos da influência direta do clima, além da influência que ele pode exercer indiretamente por meio da vegetação.

A cobertura vegetal

A cobertura natural predominante das plantas é, por um lado, o indicador do solo, mas, por outro lado, é também o indicador do clima, ou seja, interage estreitamente com o solo e o clima. Por um lado, o clima impõe limites a certas comunidades vegetais, como por causa do aumento da altitude (em relação ao nível do mar), ao aumento do clima continental etc. Por outro lado, as plantas influenciam diretamente o solo. Uma floresta pura de coníferas sempre leva a uma certa acidificação do solo e até causa um aumento considerável de hidróxidos de ferro no basalto em clima temperado. Por sua vez, florestas de pinheiros e bétulas sempre fazem o solo secar a tal ponto que, após cortadas, permanecem as chamadas "dunas vivas", os desertos do norte da Europa. A planta geralmente molda o solo de acordo com as condições climáticas e geológicas que encontra.

O Homem

Os seres humanos agem sobre o solo, influenciando a cobertura vegetal em uma determinada direção.

a) Tem como base motivos puramente de mais lucro e destroem a comunidade natural das plantas, que é sempre projetada para manter o equilíbrio solo-clima-planta num determinado local. Por meio do plantio contínuo e unilateral, as culturas comerciais exercem um impacto unilateral sobre o solo, e que é tanto maior quanto mais a substância mineral que falta é substituída por meios artificiais e menos por substância orgânica. Uma grande parte da flora bacteriana já é fatalmente danificada pelas excreções radiculares que se acumulam no solo sob monocultura. Por fim, a planta se torna incompatível consigo mesma e o solo se torna "cansado". Uma mudança fundamental na estrutura do solo ocorre durante o período de monocultura no solo.

b) Ele tenta ganhar terras agrícolas na dura luta contra a natureza e, finalmente, influencia o clima e o solo de maneira desfavorável com uma cobertura vegetal artificialmente projetada, como já foi iniciado nas estepes russas. Está dentro da esfera de influência dos seres humanos criar desertos, alterando completamente a cobertura vegetal, como o Saara e o deserto mexicano; no entanto, também está dentro de sua esfera de influência criar áreas férteis e, finalmente, forçar a natureza a chover também nessas áreas.

Os solos em São Paulo

Os principais tipos de solo no estado de São Paulo são:

1. aqueles sobre rocha matriz. "Arqueanos" são solos metamórficos cristalinos, granito, sienito etc. São barro-arenosos a barro-argilosos, conhecidos sob os nomes "massapé" e "salmourão";

2. solos da era paleozoica, conhecidos como "devoniano". Eles estão sobre rocha metamórfica e, portanto, são barro-argilosos, sem ferro;

3. os solos glaciais são conhecidos como "glaciais", que são areias secas muito pobres, e como "tatui", que são margas (arenitos) férteis, como também prevalecem na zona de Itapetininga, ou seja, prevaleceram;

4. os "arenitos Bauru", areias muito pobres, que ainda são considerados um tipo separado, devendo ser agrupadas futuramente sob solo glacial;

5. o arenito "Botucatu" é listado junto com a *terra roxa*. Portanto, toda a formação *da terra roxa* é chamada de "Botucatu". Por outro lado, no entanto, pretende-se classificar essas areias entre os "glaciais", porque aparentemente muito se parecem. Aqui existem apenas duas possibilidades: a) são *terra roxa* completamente empobrecida e degradada; b) são realmente solos glaciais, mas são independentes da rocha matriz, uma vez que foram trazidos pela água e pelo gelo;

6. a) a *"terra roxa* legítima", uma argila pesada contendo ferro, que se encontra na formação de "Botucatu", mas que sem dúvida tem origem basáltica como formação básica, já que a análise química da camada arável indica a presença de SiO_2^-, Al_2O_3 e hidróxidos de Fe_2O_3, que sem dúvida resultaram da decomposição de feldspato, augita, biotita, plagioclásio etc. b) a *"terra roxa* misturada", que possui muito mais componentes arenosos que a "legítima". Ou é uma terra roxa legítima em estado avançado de desenvolvimento ou de degradação (já que as amostras

foram feitas apenas em terras aráveis) ou não é *terra roxa* nesse sentido e formou-se sobre outro tipo de rocha matriz;

7. os chamados "terciários", comumente denominados de "Corumbataí", são solos barro-argilosos férteis do antigo terciário sobre rocha metamórfica (ardósia);

8. aos solos de baixada ou quaternários são solos aluviais, em geral barros impermeáveis à água e argilas com umidade estagnada, que geralmente formam os "pântanos".

Para concluir, pode-se estabelecer que a maioria dos solos são pobres em cálcio, mas a maioria deles é extraordinariamente fértil ou eram. Para os solos arenosos "Glacial", "Bauru" e "Botucatu", somente o reflorestamento com florestas mistas pode ser aconselhado.

O húmus

Desde o início, a formação do solo foi acompanhada por húmus. Musgos e crassuláceas (suculentas) pressionaram suas raízes nas fendas da rocha, romperam a pedra, morreram e, assim, criaram as rachaduras e fissuras com substância orgânica, constituindo espaço para plantas mais exigentes. Finalmente, a rocha é derrotada e solos férteis sustentam florestas e pradarias.

O húmus, um nome não adequado para a substância orgânica no solo, atua como o fator fertilizante nas várias formas de sua decomposição. Por um lado, as ligninas e as pentosanas são liberadas durante a decomposição da substância orgânica, que também é extremamente importante como alimento bacteriano nesta forma. O ácido húmico, que faz com que o solo fique marrom a preto e normalmente é chamado de "húmus", é o melhor e mais eficaz cimento para os grânulos ou agregados do solo.

Além disso, o ácido húmico tem um efeito mobilizador sobre o ácido fosfórico no solo e é um dos fatores antidispersores no solo. O ácido fúlvico e a humina também atuam como solventes e catalisadores que facilitam a absorção de nutrientes pela planta.

É particularmente importante que a decomposição da massa vegetal em "húmus" – que não é acelerada pelo clima, como se supõe, mas é promovida apenas pelo clima na medida em que as bactérias em condições quentes e úmidas prosperam com maior abundância e desenvolvem uma atividade muito mais rápida em consumir o "húmus" e convertê-lo em seus vários produtos – é gerado CO_2, o que é particularmente importante para o desenvolvimento juvenil das plantas. Pesquisadores suecos descobriram que as plantas normalmente absorvem CO_2 do ar durante o dia, enquanto absorvem CO_2 do solo à noite. O crescimento muito mais rápido e vigoroso das plantas em solos ricos em húmus é completamente esclarecido pela presença da substância orgânica.

Micro-organismos

Com a presença de húmus no solo, numerosas bactérias, fungos e algas se instalam ali imediatamente, já que precisam do húmus como alimento, como fonte de energia. As bactérias convertem os nutrientes minerais em formas facilmente assimiláveis. Além do "húmus", os fungos e as algas também consomem as excreções radiculares das plantas. Eles tornam o solo estável, montando pequenos agregados de solo, os grumos, de forma viva, ou seja, eles os colonizam como um gramado a um morro (um gramado de *Actynomycetos*) e ancoram os grumos entre si por meio de pontes de algas, que ao mesmo tempo garantem o sistema poroso no solo.

Agregado do solo

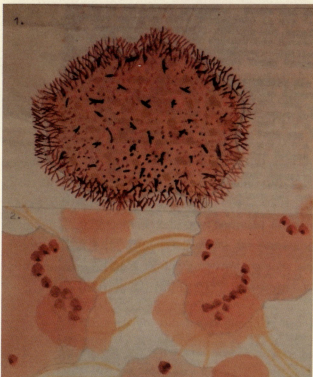

1. Esquema de um agregado ou grumo, estabilizado por Actinomicetos vivos. Areia, substância orgânica e argila.

2. Talos de algas e hifas de fungos ancoram os agregados, que as colônias bacterianas cimentaram com sua goma polissacarídea, formando a estrutura do solo.

Volume de poros de diferentes solos

Poros pequenos Água do solo imóvel	Poros médios Água móvel	Poros grandes Ar do solo	
................oooooooooooooooooooooOOOOOOOOOOOOOOOOOOOO			Solo arenoso
...........................oooooooooooooooooooooOOOOOOOOOOOOOOO			Solo barrento com Ca
....oooooooooooooooooooooOOOOOO			Solo argiloso com H+ (solo pantanoso)

Volume poroso

Neste sistema de poros:

a) nos mais pequenos, é difícil a movimentação da água do solo, que é inútil para as plantas;

b) nos médios, circula a água facilmente móvel, que é completamente usada para crescimento e também está disponível e é geralmente chamada de "umidade do solo";

c) nos poros grandes, circula o ar, essencial para o crescimento dos micro-organismos aeróbicos e, por outro lado, também permite pequenas criaturas, como os ácaros etc. Por último, mas não menos importante, as minhocas podem se beneficiar com sua atividade frutífera e benéfica.

Nos 25 cm superiores da superfície da Terra, 400 kg de micro--organismos colonizam 1 hectare de terra, fazendo com que o solo pareça um organismo vivo. A partir de 25 cm, os micro-organismos diminuem rapidamente e, em camadas de 40 cm de profundidade, o solo já é estéril. No entanto, desde que a camada do solo acima de 25 cm tenha sua estrutura esponjosa-porosa, a subsuperfície não é compacta e impenetrável, mas repousa frouxa e permeável para as raízes das plantas, porque a superfície viva protege o "subsolo", de modo que nem chuva nem calor podem danificá-lo. Não há erosão em tal solo, ela nem pode existir, porque o equilíbrio é perfeito.

Degradação do solo: solo vivo, sadio, solo degradado

Dispersão dos agregados (esquema da erosão)
(estabilidade dos agregados à ação da água).

Solo vivo	Fases da degradação-morte		Solo morto
Agregados grandes	Agregados pequenos	Semi-disperso	Totalmente disperso

A agricultura

Com a queima da floresta, o solo arde profundamente. Provavelmente permanece enriquecido com os sais minerais das cinzas, porém a microvida também é queimada. Mas a estrutura morta do solo ainda se mantém, mesmo que não seja mais estável, desde que não seja perturbada, pronta para ser colonizada novamente com micro-organismos a qualquer momento. Porém, a terra não sombreada é constantemente esterilizada pelo sol, a monocultura constante enriquece o solo com excreções unilaterais das raízes, de tal forma que a destruiriam mesmo com a vida bacteriana normal. A matéria orgânica já foi consumida há muito tempo, a estrutura do solo entra em colapso e a erosão se inicia. Toda chuva lava nutrientes e partículas de argila ao subsolo. Por fim, permanece um solo arenoso completamente empobrecido na superfície e um subsolo duro como uma rocha que, amolecido apenas durante a estação chuvosa, permite a penetração das raízes das plantas, mas que se opõe a qualquer cultura lucrativa na estação seca.

O resultado final são estepes pobres e desertos. Quando os nutrientes foram lavados, eles foram substituídos por íons H no complexo de sorção ou troca, tornando o solo gradativamente mais ácido. O aumento da água da evaporação criou um sistema capilar perfeito, levando à superfície hidróxidos metálicos sem impedimento, que no final agem como "venenos para as plantas" e impedem o desenvolvimento normal das plantas.

As plantas

Com a impossibilidade de desenvolver completamente o sistema radicular, dificultado pelo chamado horizonte iluvial ou B, as plantas são limitadas apenas à camada de solo até 5 a 7 cm. Esta camada superficial, agora todo o *habitat* das plantas agrícolas, rapidamente se torna completamente empobrecida pela erosão. Colapsado em pó, perdeu sua capacidade de armazenamento de água disponível e também se torna particularmente suscetível à seca, transformando-se em um pântano pastoso a cada chuva. Um vento constante complica o desenvolvimento das plantas, que se desenvolvem mal e são insuficientemente nutridas, totalmente expostas a quaisquer flutuações do clima, e sendo procuradas por inúmeras doenças.

Plantas saudáveis nunca conseguem prosperar em solos degradados!

A erosão

Portanto, a erosão acelerada não é absolutamente um fenômeno natural, mas apenas a consequência lógica da morte da vida microbiana. Sem uma vida microbiana suficiente e diversificada no solo, sua fertilidade não pode ser recuperada e toda fertilização orgânica nada mais é do que um afrouxamento único do solo e uma adição única de N, CO_2 etc., enquanto a monocultura ainda for praticada e nenhum "fechamento por folhas" nas culturas (cobertura viva do solo) ainda for almejado e que garanta o surgimento de uma vida microbiana saudável.

Associações sociológicas de plantas

A planta vive naturalmente em certas associações sociológicas, ou seja, em sociedades que se complementam em suas demandas e necessidades. As plantas de raízes rasas ficam ao lado das de raízes profundas, as pivotantes ao lado das fasciculadas, plantas que precisam de sombra abaixo das plantas altas e que gostam de elevada luminosidade, ervas que cobrem o solo ao lado de gramíneas cespitosas entouceirantes. Cada sociedade é formada de tal maneira que os indivíduos se complementam harmoniosamente.

Esquema da associação de plantas

1. solo sombreado;
2. raízes em todas as profundidades;
3. plantas exigentes ao lado de pouco exigentes.

Esquema da monocultura

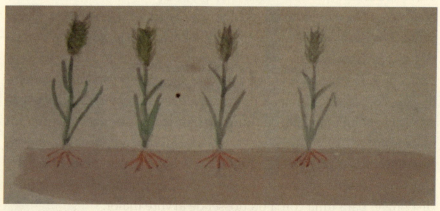

1. solo nu (desprotegido);
2. raízes, todas em uma camada;
3. todas as plantas com mesmas necessidades do solo.

Mas duas coisas são comuns a todos da sociedade:

1. as mesmas exigências de textura e de pH; bem como do teor de cálcio e de nutrientes do solo;
2. as mesmas exigências de clima.

É estranho observar como, por exemplo, quando há falta somente de potássio, a comunidade das plantas muda repentina e completamente.

Existem plantas que adoram o cálcio e as que rejeitam o cálcio em uma sociedade, plantas que adoram nitrogênio ou potássio, adoram as secas ou a umidade etc. De maneira que a sociedade da planta pode ser considerada um indicador do solo, tanto da textura quanto dos nutrientes existentes ou ausentes.

Por outro lado, é também a garantia de uma vida microbiana rica e diversificada e, portanto, da fertilidade permanente do solo.

Interação planta-clima

A floresta permite que a água da chuva escorra lentamente para o solo, que a absorve e descarrega no subsolo, enchendo os reservatórios naturais de água que a floresta protege contra a evaporação excessiva com o seu sombreamento. A floresta, que sempre tem ar fresco e úmido, pelo menos em relação ao ar ao redor, atrai a chuva novamente, porque o vento carregado de umidade que sopra sobre a floresta cai nesse "buraco de ar" (térmicas fracas) e ali perde pelo menos parte de sua carga. Sem umidade suficiente, no entanto, a floresta não pode prosperar novamente, pois como poderia manter a enorme evapotranspiração das copas das árvores amplamente ramificadas? Testes nas estepes mostraram que mesmo as árvores resistentes à seca que foram reflorestadas ali com um determinado tamanho, uma vez que atingiram o nível crítico de consumo de água, pararam de crescer, porque a água não estaria mais disponível para uma coroa ou dossel de árvore maior.

Quando faltar a floresta, o vento soprará sem impedimentos. A reserva de água não existirá, por falta de reposição, e os rios estarão quase secos no verão, ou seja, no período sem chuva. As chuvas cairão mais escassas e raras. Quando chover, a água atingirá o chão e mal penetrará na terra. A maior parte será drenada pelos rios inchados ou avolumados, inundando amplamente a região. O vento soprará suave e continuamente, impedindo o crescimento de qualquer planta maior. Soprará todo o CO_2 do solo, as plantas lutarão pela sua existência, se tornarão raquíticas e, finalmente, a cobertura vegetal será reduzida a pastagens ruins. As flutuações entre as temperaturas (amplitudes térmicas) do dia e da noite serão maiores, pois não haverá o armazenador de calor "floresta", e ocorrerão geadas que destruirão as plantas que amam o calor, pelo menos todas aquelas que não conseguem tolerar essas flutuações. E, de repente, o clima se tornará ainda mais seco, e aparecerá uma exuberante estepe parecida com uma tundra, onde antes existiam campos exuberantes e florestas ricas.

Falta floresta!

Se, no entanto, a monocultura também esgotou o solo e a erosão o removeu, de modo que não pode sequer suportar a cobertura dessa planta comercial, o deserto segue como uma consequência final.

Então o clima não é constante, também depende da vegetação!

a) O "fluxo" do ar frio ladeira abaixo.

b) Um "acúmulo de ar frio".

Microclima

A relação entre planta e clima é ainda mais estreita no espaço aéreo de 2 m acima do solo. Aqui costuma ir tão longe que o clima local pode ser completamente diferente do clima regional.

Encostas sul e norte em um vale, cabeça de morro e fundo do vale, encosta e planície, bordas de rios e lagos, clareiras de florestas e aterros ferroviários, tudo tem uma grande influência na camada de ar próxima ao solo. Essas grandes diferenças tem como base, por um lado, as movimentações do "ar frio", isto é, o ar mais frio, que flui de acordo com suas próprias leis, por outro lado, o impedimento da irradiação de calor pelas árvores e na condutividade térmica do solo. Todo renque vegetal espesso, grupo de árvores, fileiras de árvores reflorestadas, barragens etc. impedem o ar frio em seus esforços para chegar ao ponto mais baixo". É o caso dos chamados "lagos de ar frio", dos quais o "Lunzer Kaltluftsee" é um fenômeno natural mundialmente famoso. Na "Seerand" (margem do Lago) ainda há vegetação normal, correspondente a 1.600 m de altitude, e no "Seegrund" (fundo do Lago), crescem apenas musgos e líquens como em 4 mil m de altura. As encostas que levam ao fundo do lago apresentam pinheiros anões encarquilhados e para o alto aparece uma bela floresta de abetos.

A água no microclima

Lagos e água estagnada, que se aquecem durante o desenrolar do dia, liberam gradualmente esse calor solar à noite e, assim, atuam como um "estoque de calor" para o ambiente. Eles aquecem o ar frio e podem neutralizar as geadas.

Condutividade térmica do solo

Dependendo da natureza do solo e do seu teor em húmus, ele absorve muito ou pouco calor solar durante o dia (solo arenoso, solo argiloso), é um condutor de calor bom ou ruim (solo arenoso, solo úmido) e, em seguida, libera mais rápido ou mais lentamente à noite seu calor armazenado (solo arenoso, solo úmido). Se o solo ainda tem calor suficiente após o nascer do sol para neutralizar o frio da primeira meia hora, existe o risco de geada ou não. Cobertura vegetal, tipo de manejo do solo etc. podem desempenhar um papel importante na formação de gelo. Ou seja, um prado ou um campo recém-cultivado com maior evaporação terá mais geada do que, por exemplo, um campo em descanso (pousio) ou até um campo de milho com plantas desenvolvidas que já protegem a superfície do solo de tal modo que este ainda possa irradiar calor pela manhã. Cada árvore atua como um escudo térmico, de modo que, na área protegida, não existe geada, como ocorre em campos não sombreados. Um renque de árvores de 12 a 15 m de altura para proteção contra vento (quebra-vento) fornece sombra de vento a até 80 m de distância. Após 80 m, o vento sopra novamente.

Portanto, dezenas de pequenos fatores trabalham juntos na formação do "microclima", que em última análise, e de maneira não muito rara, criam condições completaménte diferentes do que seria possível se prever a partir do macroclima. O microclima pode ser tão desfavoravelmente afetado pela exploração madeireira incorreta, pelo reflorestamento incorreto, por aterros ferroviários administrados de forma descuidada etc., que pode haver uma mudança completa na maneira de crescimento das plantas, com o macroclima permanecendo o mesmo.

Esquema do granizo

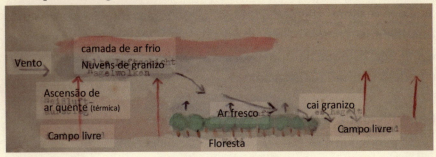

Esquema das cortinas quebra-vento

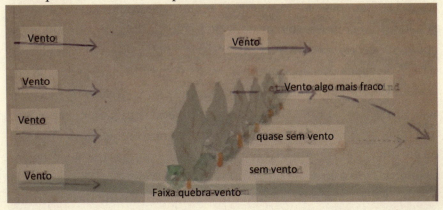

O granizo

O granizo é um fenômeno cada vez mais comum nas chamadas áreas "cultivadas". Por si só, é uma ocorrência rara e pode ser arrolada entre os desastres naturais. No entanto, quanto mais a floresta é derrubada e quanto maiores forem as áreas sem floresta, mais frequente é o granizo. O granizo, como a geada, podem ser considerados como sendo danos consequentes da erradicação aleatória das florestas. Nada mais é do que a sucessão de grandes áreas não preservadas. Aqui, o ar aquecido pelo sol (térmica) ascende com uma velocidade tremenda, de até 30 km/h, às vezes, até na forma de tornados, não raros nos estados do sul dos EUA e do Saara. Como o ar atmosférico não se torna gradativamente menos denso de acordo com as leis usuais dos gases, correspondente ao esfriamento, mas é armazenado em camadas nas quais o frio e o calor se alternam em função do fluxo de ar predominante, e esse "ar quente" ascendente geralmente encontra entre 1.200 e 1.500 m de altitude com camadas geladas de ar trazido da Antártica. Este choque repentino faz com que o vapor arrastado pelo ar quente se condense imediatamente, neste caso formando gelo. O vento frio do sul que trouxe esse ar frio da Antártica, passa a carregar o granizo, ou seja, o gelo formado, até encontrar um obstáculo (montanhas, florestas, cursos de água, um buraco de ar criado pelo ar quente com subida de ar quente ou térmica que oferece sustentação etc.) que reduz sua velocidade ou faz com que caia repentinamente. No momento em que ele é freado, ele deixa cair sua carga, o granizo.

Desmatamento total no topo de colinas, reflorestamento de áreas maiores, criação de viveiros de peixes etc. podem atrair granizo para áreas onde nunca houve antes.

Conclusão

Repetidamente, encontramos as inter-relações entre:

SOLO – PLANTA – CLIMA

Se a harmonia delas for perturbada, se apenas um desses três fatores estiver desequilibrado, a planta, o solo e o clima vingar-se-ão de maneira terrível da atividade humana.

Se um desses três fatores for influenciado favoravelmente, os outros dois também agradecerão.